Accarette du Biscay

Viajes al Río de la Plata y a Potosí

(1657-1660)

Traducción, introducción y notas de
Jean-Paul Duviols

Copyright Spanish version, foreword & notes © Jean-Paul Duviols
of this edition © Stockcero 2008
1st. Stockcero edition: 2008

ISBN: 978-1-934768-07-5

Library of Congress Control Number: 2008921127

All rights reserved.
This book may not be reproduced, stored in a retrieval system, or transmitted, in whole or in part, in any form or by any means, electronic, mechanical, photocopying, recording, or otherwise, without written permission of Stockcero, Inc.

Set in Linotype Granjon font family typeface
Printed in the United States of America on acid-free paper.

Published by Stockcero, Inc.
3785 N.W. 82nd Avenue
Doral, FL 33166
USA
stockcero@stockcero.com

Accarette du Biscay

Viajes
al Río de la Plata
y
a Potosí

(1657-1660)

ACCARETTE DU BISCAY

Vista de Potosi en A. Montanus, *De Nieuwe en Onbekende Weereld of Beschryving van America...* Amsterdam, 1671

Índice

Introducción vii
Un viajero clandestino
Itinerario de los dos viajes de Accarette
El camino de la plata
El espía benévolo
Exotismo y vida cotidiana

Relación de un viaje al Río de la Plata y de allí por tierra al Perú. Con observaciones sobre los habitantes, sean indios o españoles, las ciudades, el comercio, la fertilidad y las riquezas de esta parte de América

El Río de la Plata 7

Descripción de Buenos Aires 17

Viaje desde Buenos Aires hasta el Perú 25

Descripción de Potosí 39

El regreso 55

El segundo viaje 65

Propuesta del señor de Accarette para la conquista de Buenos Aires en el Río de la Plata en la América meridional..73

Segundo informe del señor de Accarette......................87

Bibliografía 95
1. Manuscritos y ediciones del viaje de Accarette:
2. Documentos antiguos
3. Obras generales

Índices 103
Onomástico:
Temático:
Topográfico:

Introducción

Un viajero clandestino

¿Quién era Accarette? Poco sabemos acerca de él, ni siquiera su nombre, y el carácter secreto y clandestino de sus actividades tampoco nos ayuda a conocerlo mejor. Lo que sí podemos afirmar es que se trataba de un comerciante muy hábil y ambicioso, y que además poseía aptitudes y afición por la aventura. La lectura del relato de sus viajes no deja dudas al respecto.

Todo parece indicar que Accarette era vasco-francés (¿acaso no fue Socoa, sobre la costa vasco-francesa, el ultimo puerto en el que atracó?). Por fin, se pudo establecer que era oriundo de Ciboure. Así se puede explicar entonces el curioso apodo de *«du Biscay»* que leemos en el título de la primera edición inglesa de su relato. Además, refiriéndose a los extranjeros que viven en la ciudad de Potosí, Accarette nos dice que «*los franceses que son mayo-*

ritariamente de Saint-Malo, pueden pasar por navarrenses o bizcaínos».

Accarette realizó dos viajes consecutivos hacia América, bajo una falsa identidad (desde 1657 hasta 1661 se hacía llamar Maleo) y también con una falsa nacionalidad. Las hostilidades entre Francia y España no habían cesado aún – se firmará la paz de los Pirineos en 1659 -, cuando en 1657 el viajero se lanzó a la gran aventura. Por lo tanto, se mostró atento y prudente y le fue necesario no descuidar ningún aspecto para poder llevar a cabo su proyecto. Sin embargo, se encontró con dos obstáculos administrativos de la mayor importancia, ambos erigidos por la corona de España para proteger la inviolabilidad de sus posesiones y dominios en América.

En aquel entonces, para llegar a la América española, el primer requisito que Accarette no cumplía, era ser súbdito del rey de España[1] o hacerse pasar como tal, lo que no era completamente imposible dentro de un mundo en el que, contrariamente a las ideas concebidas, los hombres circulaban bastante. Contribuía a ello la falta de medios de identificación, lo que permitía de manera muy sencilla fabricarse una identidad prestada. Entre las numerosas noticias que Accarette nos proporciona, apunta que un gran número de europeos se encuentran radicados en la ciudad de Buenos Aires, y afirma que *«hay entre ellos algunos franceses, holandeses y genoveses que parecen igualmente originarios de España, pues de otra forma no se mostrarían sufridos»*, y que este fenómeno de migración se encontraba también

---

1 «Hay que ser español para hacer el viaje a las Indias o tener un permiso explícito del Consejo que no se concede de ningún modo a los extranjeros; de dos barcos que se presentan para este viaje, se prefiere el que fue construido en España al de fabricación extranjera, siguiendo las *Ordenanzas*, aunque ambos pertenezcan a los Españoles". Marqués de Villars: *Mémoire de la Cour d'Espagne, depuis l'année1679 jusqu'en 1681*, Paris 1733 (p. 371), Originalmente, se podía ser originario de Castilla solamente

en Potosí, pues «*con respecto a los extranjeros, no hay tantos*[2], *y son en parte holandeses, irlandeses y genoveses y en parte franceses...*».

No podía fingir ser ciudadano español sin conocer el castellano, por lo que Accarette emprendió con éxito el aprendizaje de esta lengua. Se dedicó a esta tarea por lo menos durante tres años, desde 1654 a 1657. Pero esto tampoco bastaba. Era indispensable para su viaje conseguir el pasaporte, documento necesario para alcanzar las posesiones españolas en América. Complicidad vasca obliga, Accarette encuentra en la figura de Ignacio Maleo, mercader vasco-español originario de Oyarzún, a un amigo con quien, finalmente, compartirá todos los riesgos y los beneficios del viaje, pero, sobre todo, encontró a un protector muy bien posicionado frente al Consejo de Indias y a la Casa de la Contratación[3]. Maleo, incluso, llegará al extremo de hacerlo pasar por su sobrino, pese a los riesgos del embuste que podía significar para ambos.

Ironías del destino, quizás, pero lo cierto fue que este viajero clandestino que, en caso de haber sido descubierto hubiera sido encerrado en un calabozo sombrío, interpretó tan a la perfección el papel de sobrino de Maleo, que le encargaron, ni bien llegó al puerto de Buenos Aires, de llevar a cabo una misión de máxima confianza: trasladar los pliegos secretos de la corte de España destinados al virrey del Perú. Esta acción, inesperada por cierto, le permitió viajar no sólo tranquilo hasta Potosí, sino que le brindó la oportunidad de ser un testigo privilegiado de la situación

---

2   El historiador Joan de Laet que se refiere al relato de otro viajero clandestino, belga este último, nos da una evaluación diferente: «Los ciudadanos españoles de Potosí son en cantidad más o menos cuatro o seis mil; y hay muchos más forasteros, ya que acuden de todas partes un gran cantidad de mercaderes". Joan de Laet: *"L'Histoire du Nouveau Monde ou Description des Indes Occidentales"*. Leyden 1640 (Libro XI, cap. VIII, p. 390).

3   Situada primero en Sevilla, luego en Cádiz, la Casa de la Contratación administraba todos los intercambios marítimos y comerciales entre España y sus colonias, las otras funciones (políticas, militares, religiosas) relegadas al Consejo de Indias.

de esas colonias. Seguro de sí mismo, haciendo gala de sus talentos de embaucador, llevó tan bien a cabo su misión que el presidente de Las Charcas, a su llegada, lo agasajó con honores y le «*regaló una cadena de oro*».

Pero volviendo a la traba que imponía el acceso al pasaporte español, quedaba para nuestro negociante sortear este obstáculo, que bien nos expone un registro de la época, a cargo de José de Veytia Linaje, de *La Casa de la Contratación* (3): «*Es un principio y un punto fundamental que no irá hacia las Indias o volverá ningún barco libre, si no es con una licencia explícita, bajo pena de considerar perdido todo lo que transportara o trajese*».

La clave del dominio de España sobre sus colonias, no era fundamentalmente el control sobre los barcos de distintas nacionalidades que hasta allí acudían, ya que esa fiscalización era demasiado permeable. Hay que buscar razones en *la Casa de Contratación*, que legislaba desde el principio del siglo XVI, sobre el sistema de flotas y galeones, basado en consideraciones militares (no exponerse a los piratas o corsarios que infectaban los mares donde cruzaban los navíos españoles cargados de metales preciosos, provenientes del México o del Perú) y, especialmente, comerciales. España, en materia económica, seguía las reglas más estrictas del mercantilismo.

Así se organizó la *Carrera de Indias* : cada año un convoy de barcos mercantiles y militares zarpaba desde Sevilla (luego lo hará desde Cádiz) hacia el Caribe, donde se dividía en dos flotas: una que iba hacia la Nueva España, tomaba el rumbo de Veracruz, y la otra que estaba destinada al Perú, navegaba hacia Portobelo. Luego de una travesía a pie o en piragua del istmo de Panamá, hombres y mercaderías encontraban sobre la costa del Pacífico otra flota de galeones que tomaba el rumbo del Callao. En cuanto a las mercaderías que se destinaban al Río de la Plata, región que estaba al margen de las posesiones españolas en América, el sistema de los galeones constituyó una franca invitación al fraude. En efecto, las mercaderías importadas desde Europa, vía el Perú, debían volver, por increíble que parezca por las distancias geográficas, al Océano Atlántico, después de cruzar los Andes y la pampa argentina. Así se comprende por qué los contrabandistas eran muy bien recibidos por la población local.

Los gobernantes de Buenos Aires ejercían una presión constante en el *Consejo de Indias* para que se modificara la organización demasiado estricta del sistema de los galeones. Como argumento sostenían el hecho que sus escasos recursos militares no les permitían contrarrestar el rápido aumento del contrabando en el Río de la Plata. En efecto, estaban preocupados en mantener un equilibrio entre las disposiciones legales, que no tomaban en cuenta las dificultades geográficas, y la necesidad de no enfrentarse con los habitantes de una ciudad considerada como estratégica para la corona de España [4].

En este contexto se impuso, en 1594, el sistema de licencias (*licencias reales*), que no hizo más que legalizar los intercambios comerciales directos entre Buenos Aires y España para beneficio de los navíos que zarpaban desde Sevilla y, luego, como se ha dicho, desde Cádiz. Por esta resolución quedaba asimismo prohibido la trata de negros y el comercio con Brasil. Estos barcos debían contentarse

---

4   Zacarías Moutokias: *Contrabando y control colonial en el siglo XVII*, Buenos Aires 1988, p. 70.

con un viaje ida y vuelta directo entre Sevilla o Cádiz y Buenos Aires. El resto de las escalas se prohibieron expresamente. En 1661, algunos años más tarde del paso de Accarette por la región, una nueva cédula autorizó la exportación de las mercaderías importadas vía Buenos Aires hacia Potosí y el Alto Perú, pero la expedición y el tráfico de la plata por esta vía, hasta ese momento totalmente ilegal, quedaba muy reglamentada.

Entre 1648 y 1702, solamente trece navíos (ínfimo porcentaje de la cantidad total de los que comerciaban entre España y América) se beneficiaron con estas licencias, que se otorgaban contra pagos y servicios (transporte de tropas, de armas, de eclesiásticos y del correo). De hecho, el contrabando no había sido eliminado bajo ningún aspecto : en ese período se encuentran rastros de ciento once llegadas «ilegales» de embarcaciones hacia Buenos Aires, la mayoría llevando holandeses y portugueses [5].

La vigencia de estas condiciones, confieren un carácter excepcional, único, al periplo de Accarette. A pesar de que no era ciudadano español, se las arregló para encontrarse beneficiado con una de las pocas licencias de comercio expedidas en el siglo XVII, la cual le serviría para ir hacia Buenos Aires en completa legalidad. Así sucedió por lo menos en su primer viaje. En lo que se refiere al segundo, le faltó tiempo para conseguir una segunda licencia real y apresurado, optó por una legalidad a medias, zarpando hacia América con una licencia de carrera de poco valor en mano y con la vaga esperanza de que la necesidad, o la corrupción, llevarían al gobernador de Buenos Aires a dejarlo comerciar como si estuviera en regla.

---

[5] Id. P. 128

Itinerario de los dos viajes de Accarette

En los últimos días de diciembre de 1657, Accarette zarpó del puerto de Cádiz a bordo de la *Santa Agueda*, embarcación de cuatrocientas cincuenta toneladas, perteneciente a Pablo García Santayana y capitaneada por Ignacio Maleo. Treinta y cuatro misioneros jesuitas bajo la dirección del padre Simeón de Ojeda, gobernador general de las provincias del Paraguay, se alistaron en la misma embarcación. Por lo tanto, nuestro viajero no podía estar mejor «compañía» para garantizarle un viaje sin problemas.

El barco llegó al Río de la Plata (cabo Santa María) después de ciento cinco días de navegación y luego remontó el curso del río Paraguay, hasta Asunción, destino en el cual desembarcaron los misioneros, y casi en seguida volvió a Buenos Aires, donde llegó Accarette en 1658.

El itinerario de su viaje hasta Potosí fue, más o menos, el que seguirá un siglo después don Alonso Carrió de la Vandera, de origen español, inspector en los correos, más conocido, en la literatura de viajes, bajo el seudónimo de Concolorcorvo[6]. A su salida de Buenos Aires, Accarette cruzó el río Arrecifes, luego el Saladillo y de esta manera llegó a Córdoba. Luego de una estadía de una semana en Santiago del Estero, hizo paradas sucesivamente en Esteco, Salta, Jujuy, Humahuaca, Sococha, Mojo, Toropalca y, al fin, Potosí, meta de su viaje, capital de la plata de las Indias.

Durante su estadía bastante prolongada en la Villa Imperial, nuestro codicioso comerciante quedó fascinado

---

[6] Concolocorvo: *El lazarillo de ciegos caminantes desde Buenos Aires hasta Lima*, 1776 (Edición Stockcero, Buenos Aires, ISBN 987-1136-26-9).

por la riqueza cuantiosa encontrada, muy especialmente durante las fiestas que se organizaron para celebrar el nacimiento del príncipe de Asturias. Su vuelta a Buenos Aires la realizó por el mismo camino, por lo menos hasta Jujuy, y luego nos dice que tomó *«el camino de las carretas»*, que tal vez haya sido por San Miguel de Tucumán y Santa Fe[7].

Después de una estadía de más de un año en América, salió de Buenos Aires en mayo del 1659 y llegó a Santander a mediados de agosto del mismo año. Acompañó a Maleo hasta Madrid, donde éste presentó un informe al Consejo de Indias, acerca de la situación en el Río de la Plata.

Alentado sin duda por los aciertos de los numerosos contrabandistas holandeses que comerciaban sin ninguna traba en el Río de la Plata, Accarette volvió a partir en 1660, en un segundo viaje, pero esta vez en absoluta ilegalidad: conduciendo a Inglaterra a Charles de Watteville, el nuevo embajador de España en Londres, y por otra parte capitán general de la provincia de Guipúzcoa, obtuvo, otra vez interviniendo seguramente las afinidades vascas, *«una comisión bajo (su) nombre y bajo el de Pascal Hiriart*

---

[7] Existe un itinerario paralelo seguido por un viajero clandestino belga que cuenta Joan de Laet (op. cit, Libro XIV, cap. XII, pp 467-469): «De Córdoba el camino va hasta Santiago del Estero capital de esta Provincia, la distancia es de 80 leguas... De la ciudad de Santiago se puede tomar el camino de dos maneras: saber que por la ciudad de San Miguel, la distancia es de veinticinco leguas, el otro por la ciudad de Talavera o Estero... De una o de otra ciudad, tanto de San Miguel como de Talavera, llegamos a Las Juntas o a Madrid... De Las Juntas teníamos la costumbre de tomar el camino hacia Salta, pero ahora vamos más seguido por Jujuy... de Jujuy seguimos el río hasta el hostal el Tambo de San Francisco, de donde hay siete leguas: hay en estos hostales por mandamiento del rey de España, algunos salvajes que sirven a los extranjeros por turno y les entregan paja por nada, les traen agua y madera; también están obligados a cuidar a los animales de carga y la vestimenta, y de responder por lo que se pierda". El itinerario descrito pasa luego por Talina, Cenaguilla, Santiago de Cotagaita, Tambillo de Antón Genovés, río de Toropalca, Caiza, "la otra Cenaguilla", Potosí. «Pues entonces hay de la ciudad de Buenos Aires hasta las minas de plata de Potosí 395 leguas según el recuento de este Belga».

comandante de su embarcación, para ir en carrera contra los Portugueses en la costa de Brasil, con el fin de que esto (les) pudiera servir de pretexto para llegar al río de la Plata».

Accarette, impaciente, conocedor de la situación, teniendo en manos un documento oficial que constituía una buena coartada frente a las autoridades coloniales, persuadido, además, que no encontraría ninguna dificultad, no perdió tiempo en la espera de una licencia oficial de la corona de España. Después de haber cargado mercadería en Inglaterra (de lo que no hace mención en su informe dirigido al rey de Francia), hizo escala en Le Havre, desde donde Maleo, que había elegido el camino de la vía legal, regresó a España para intentar obtener una nueva licencia real. El buque, con Accarette a bordo, tomó la dirección del Río de la Plata. Allí, inesperadamente, tuvo que quedar anclado durante once meses sin poder desembarcar, a falta, precisamente, de licencia real y a causa de una honestidad inhabitual por parte del gobernador de Buenos Aires. Necesitando este último una embarcación que partiera hacia España, terminó por transigir y sólo así autorizó a Accarette a hacerse a la vela con las calas llenas de cueros de toros de la Pampa, lo que le permitió a nuestro taimado contrabandista cargar la máxima cantidad de plata. Evitó, muy precavidamente, volver hacia Europa por Cádiz y por lo tanto atracó en La Coruña. Pero, perseguido por los controladores españoles, se vio obligado a escaparse a lo largo de la costa Cantábrica. Se refugió en Socoa, en tierra francesa, seguramente cerca de su casa.

El camino de la plata

Es superfluo preguntarse cuáles eran los motivos de tan arriesgados viajes a las lejanas colonias de la corona de España. El motivo más evidente, y de hecho no lo oculta, era el provecho, muy por encima de una simple curiosidad por admirar nuevos paisajes. A lo largo de todo su relato, no termina de maravillarse de las riquezas de las regiones por las que viaja, del provechoso comercio que puede realizarse. Uno de ellos es el de los cueros de toro, que pueden revenderse en Europa a cinco veces más que el precio de compra. Además, no deja de mostrarse envidioso del éxito excepcional de los comerciantes holandeses que habían comprado trescientos mil cueros de vaca a ocho reales la pieza, pues apunta que «*los vendieron en Europa a por lo menos quince francos, que es el precio más ordinario*»; un poco más lejos nos habla con admiración y envidia de un comerciante, también holandés, refiriéndose a su habilidad y a sus pingues beneficios. Para él, éste es verdaderamente el país de la abundancia (*le pays de Cocagne*), ya que todos se dedican al comercio: «*tanto en Potosí como por todas partes en las Indias, todo el mundo, sean caballeros, gentilhombres, oficiales u otros, se mete en comercio...*»

Quien dice comercio, también puede decir fraude y contrabando, y frente a Accarette se abren enormes horizontes de espejismos dorados: observa rebaños de vicuñas y de toros, «*cantidades de ciervos a los que se les quita la piel y se la hace pasar perfectamente por piel de búfalo*». Y, a lo lejos, pero no menos importante, las magníficas minas de Potosí, su meta suprema. De hecho, de todas las mercaderías que se podían adquirir en América, había una para la cual el contrabando era altamente rentable: la plata, en barra o en «piñas». Su compra no lo era todo; luego había que esconderla de las pesquisas de los oficiales reales. Accarette lo logró, pero no nos dice de cuál subterfugio se sirvió: *«una vez pasada la revisión, logramos cargar la plata que habíamos escondido y que podía llegar al valor de tres millones de libras junto con el resto de la carga de la embarcación».*

Un viajero francés de principios del siglo XVII nos indica, sin embargo, un ingenioso procedimiento para trasladar la plata a escondidas de los agentes reales, lo que demuestra que hacía tiempo que ese metal tomaba caminos que no eran los que terminaban en España: «El Río de la Plata se encuentra a treinta y cinco grados en la parte del sur de América... Los que van hasta allí lo hacen a escondidas y con miedo, puesto que el rey de España ha prohibido el tráfico por este lado, ya que lo privan de sus derechos. Y toda la plata que se obtiene por esta vía se realiza tan secretamente que casi no se puede descubrir, por la prohibición estricta que existe so pena de muerte». De manera que, para robarla, como lo explica después, «ataban las bolsas llenas de plata en las anclas de sus embarcaciones y después de que los oficiales del rey se hubiesen retirado tras su inspección y registro, levantaban las anclas e ingresaban los botines dentro de los barcos. Por lo tanto la plata que se extraía por este ardid se hacía robando y frustrando los derechos del rey de España. Y es por eso que no dejan de sacar una cantidad, ya que toda la plata que hay en Brasil y en Angola proviene de ahí».[8]

Este modo de hacer contrabando era tanto más prós-

---

8   Pyrard de Laval, François: *Voyage contenant sa navigation aus Indes orientales, Maldives, Moluques, Brésil: les divers, accidents, aventures et dangers qui lui sont-arrivé en ce voyage, tant en allant et retournant que pendant son séjour de dix ans en ce pays-là*, 1611 (II parte, capítulo XVI)

pero cuanto que la administración española no era incorruptible, tanto la de Buenos Aires como la de la península, puesto que «*esta prohibición no se observa de manera muy estricta, pues los gobernadores dejan a veces salir parte de esta carga a escondidas, sea haciendo la vista gorda a cambio de algún obsequio, sea porque no vigilan de un modo sistemático*».

Numerosos barcos, y en especial de nacionalidad holandesa, que no habían sido descubiertos a su partida del Río de la Plata, ya no tenían problemas, pero no compartían la misma suerte los barcos españoles, los cuales también se dedicaban al contrabando. En efecto, al disimular la mercadería para no pagar los derechos, corrían un nuevo riesgo a su llegada a un puerto español. Accarette nos muestra que este peligro no era insuperable, pues «*mediando cuatro mil patagones que les dimos, estuvimos liberados y exentos de toda pesquisa*». Estas untaduras de mano formaban parte de los gastos generales en este tipo de expediciones comerciales.

Las venalidad de los funcionarios reales no se limitaba a los aduaneros: Accarette nos revela que la lentitud de los viajes en galeones que partían del puerto del Callao en dirección a Panamá, era imputable, no tanto a los vientos desfavorables, sino que «*el retraso que trae el general de los galeones es a causa del provecho que saca del suministro de los naipes... el tributo que saca es de seis patagones por cada baraja*». No cabe duda de que tal privilegio financiero haría envidiable aquel puesto! Accarette, por su parte, regresó más que satisfecho, ya que sacó de la expedición un provecho bastante sustancial, pues calculó un beneficio de doscientos cincuenta mil escudos. Aquí se encuentra la razón que lo motivó para realizar dos viajes al Río de la Plata y eso también explica su deseo de regresar allá por tercera vez.

El espía benévolo

Fue sin duda el deseo de realizar otro viaje lo que incitó a Accarette a redactar este relato. Desgraciadamente para él, España ya le estaba prohibida puesto que los policías conocían su verdadera identidad, así como sus actividades de contrabandista. Pues efectivamente, había escapado por los pelos de los controles y no hay que olvidar que el contrabando de la plata estaba prohibido «so pena de muerte». No pudiendo ser ya el sobrino de Maleo (quien gozaba de la alta protección del Consejo de Indias), se dirigió al ministro francés Jean-Baptiste Colbert, que tenía toda la confianza del rey Luis XIV, reivindicando un patriotismo circunstancial, para hacer beneficiar a su país, y a sí mismo, de *«las luces y del conocimiento adquirido durante sus dos estadías en América»*.

Es evidente que Accarette no buscaba la gloria literaria, y no cabe duda de que no pensó nunca en publicar su relato: sólo le importaba la opinión del rey Luís XIV. Por lo tanto, escribió un texto que al mismo tiempo hace las veces de diario de viaje y de informe militar, con informaciones detalladas sobre la principal y la más ventajosa de las vías de penetración en América meridional. Sin embargo su relato carece del tono seco, habitual de este género poco divertido, porque Accarette comprendió que debía entretener a su real lector para convencerlo mejor de sus planes. Su demostración es progresiva, siguiendo una táctica hábil. Para empezar, el relato de su viaje sugiere la oportunidad de una operación militar fructífera, insistiendo sobre la fertilidad del país y la debilidad de sus defensas; luego somete, a un lector que ya tiene un conocimiento mínimo de la situación geográfica y económica de tan lejana región, una propuesta directa, precisa y documentada, cuya finalidad es hacer patente el interés de la conquista de aquellos territorios, empresa que él presenta como si eso fuera un paseo militar.

A cada paso por un pueblo o por ciudades comerciales, Accarette subraya la inexistencia de las defensas, la insuficiencia del ejército y el débil interés de los habitantes por el combate. Así nos enteramos de que Buenos Aires no es más que un pueblo y que «*no tiene cerco, ni muro, ni foso, y nada que lo defienda, sino un pequeño fuerte de tierra que domina el río, circundado por un foso y no hay más que diez cañones de hierro, el mayor de los cuales es de a doce*». Otro tanto sucede con Córdoba, que no tiene «*ni fosos ni murallas ni fuertes para su defensa*» y además, de todas formas, los habitantes son «*poco soldados, el aire del lugar y la abundancia los vuelven holgazanes y cobardes...*». Lo mismo describe en los otras etapas de su viaje.

Por fin, la ineficacia militar de los españoles en la región se demuestra con un precedente histórico: el gobernador de Buenos Aires, creyendo que la ciudad era atacada por una escuadra francesa, pidió refuerzos para su defensa y apenas le fueron enviados cien hombres del Perú para socorrerlo, y encima debió esperar ocho meses para que llegaran... Sin embargo, Accarette advierte que es necesario apresurarse, porque el Consejo de Indias, preocupado por el desarrollo del comercio holandés en el Río de la Plata, parece decidido a reforzar con hombres y armas las posesiones españolas.

Después de dar la prueba de que se podía vencer sin peligro, Accarette va a dar más peso a su argumentación, alabando la riqueza y el encanto de estos paisajes del Río de la Plata y del Tucumán, donde abundan *«las cosas necesarias y cómodas para vivir»*. Hará compartir al lector su estupor maravillado frente a *«estas bellas planicies llenas de ganado»*, donde la vida es tan fácil y tan barata que hay que retener con un sueldo elevado a los soldados de la guarnición de Buenos Aires, quienes *«tentados por la facilidad para vivir en el país, se evaden a menudo»*. Se refiere a aquellas regiones benditas, donde *«el hospital es poco frecuentado, porque los pobres son escasos»*. Así, Accarette contesta de antemano a todas las reservas y objeciones posibles: se debe convencer al rey y los futuros colonos deben entusiasmarse. También exagera en la descripción de las maravillas y de la opulencia de esta nueva tierra de promisión, donde los ríos abundan en peces, las praderas están repletas de ganado, donde se pavimentan las calles con adoquines de plata, donde las mujeres son hermosas y *«en número mucho mayor que los hombres»* y donde la mayoría (como las hijas de los mercaderes de Santa Fe) *«se inclinan más por los extranjeros que por los del país»*.

Esta clase de argumentos era de las más convincentes, debido a que en Francia, en esa época, la producción de cereales se había visto afectada por un cambio climático (la «pequeña era glaciar»). Así, en 1662, los representantes de Borgoña dirigiéndose directamente al rey mismo, informan que «*la hambruna en este año ha hecho perecer a más de diez mil familias de vuestra provincia y obliga a un tercio de los habitantes, hasta de las buenas ciudades, a comer yuyos. Algunos han comido carne humana.*» [9]

Una empresa fácil, un país rico y agradable, todos los elementos parecían ensamblarse para que el rey adhiriera a su proyecto... Sin embargo Accarette fracasó y no volvió a ver nunca las costas del Río de la Plata. ¿Por qué? Podemos pensar que su primer error fue el de proponer este proyecto al rey, cuando Francia y España acababan de firmar, en 1659, el tratado de los Pirineos. Pero esta primer explicación nos parece incompleta, sabiendo que Colbert, quien recibió en 1664 un informe en varios puntos similar en cuanto a las intenciones al de Accarette, *Mémoire touchant l'établissement d'une colonie a Buenos Aires ou sur la rive opposée du Río de la Plata*, escrito por Pierre Massiac, señor de Sainte Colombe [10], se interesó muy de cerca al contenido de dicha propuesta —que confirmaba la de Accarette— y le pidió a su autor, bajo la forma de un cuestionario de treinta y seis preguntas, informaciones más detalladas.

---

9   Gaston Roupnel, *Le ville et la campagne au XVIIe siècle*, 1955, p. 35
10   Paul Roussier, *Deux mémoires inédits des frères Massiac sur Buenos Aires en 1660* (nueva serie del *Journal de la Société des Americanistes de Paris*, 1933; fascículo II, vol. XXV).
     Los hermanos Pedro y Bartolomé Massiac, oriundos de Narbona, se embarcaron para Lisboa y luego Bartolomé, ingeniero y especialista de las fortificaciones, para Angola. Su hermano, Pierre, sieur de Sainte-Colombe se quedó en Lisboa durante los ocho años de la estancia de su hermano en Africa. Bartolomé se embarcó hacia Lisboa, pero pasando por Buenos Aires con un cargamento de esclavos negros. Negrero en un barco holandés (*Nuestra señora del Destierro),* zarpó de Loanda y, en llegando en el Río de la Plata fue detenido y sometido a un juicio. Permanecerá en Buenos Aires de 1660 a 1662. Allí encontró al señor de Accarette que efectuaba su segundo viaje. Entre los dos franceses se inició una amistad que los reunirá en un proyecto común. Volvieron a España en el mismo barco, *el San Pedro y San Pablo.* En Madrid, Bartolomé se reunió con su hermano Pedro y ambos, liberados, se volvieron a Lisboa en 1665. Bartolomé Massiac dibujó el primer plano de Buenos Aires.

Luego de la falta de respuesta de Colbert, que podía interpretarse como un rechazo de seguirlo en su proyecto de invasión, Accarette no se desanimó. Redactó un segundo proyecto, más modesto, pero con más cinismo que el anterior. Ya que la coyuntura política no era favorable a una conquista militar y comercial de los países del Río de la Plata, Accarette propuso un asalto a Buenos Aires en el cual él mismo asumiría la responsabilidad, ayudado por otro capitán, el señor de Gorris, y para dicha invasión le bastaría unos mil «buenos hombres» (en vez de los tres mil que solicitaba en su primer documento) y dicho asalto resultaría mucho menos costoso. Nuestro atrevido comerciante con anhelos de pirata, jugará así su última carta y develará, con esta actitud, un nuevo aspecto de su personalidad: su última esperanza era obtener el mando de un barco de guerra, para ir a saquear las colonias españolas «al servicio del Rey».

La razón del fracaso de Accarette no se debe a sus orígenes probablemente populares (¿no era acaso Colbert hijo de comerciantes?), ni al carácter exagerado de su proyecto. En efecto, el ministro de Luís XIV recibió los informes de Accarette y el de Pierre Massiac en un momento relativamente oportuno, pues acababa de crear (el 28 de mayo de 1664) la *Compañía de las Indias Occidentales* cuyo objetivo era comerciar con la Nueva Francia y con las islas del Caribe. Parece que fue a punto de aceptar las proposiciones, puesto que, en 1669, nombrado oficialmente ministro del Departamento de Marina, mandó a su primo, Colbert du Terron que organizara una reunión con Pierre Massiac y Accarette para tener una discusión sobre el asunto. En

Rochefort, se encontraron los tres con el capitán de navío Paul de Gorris. A pesar de un resultado que parecía prometedor, el proyecto no se realizó, tal vez porque Luís XIV y Colbert tuvieron que prepararse para luchar contra los holandeses, guerra que fue declarada en 1672.

¡Tal vez Accarette ha sido un corsario frustrado o un malogrado gobernador! Como a otros, la mala predisposición del rey y sobre todo la «coyuntura política», lo han privado de entrar en las páginas de la historia. Si el informe de Accarette se descartó en Francia, despertó el interés en Inglaterra, donde su relato fue traducido y publicado en 1698, antes de ser reeditado en 1716.

Exotismo y vida cotidiana

El Relato de Accarette no se limita a ser un documento histórico sobre el tráfico clandestino de la plata en América y sobre la situación comercial y militar de las provincias del Río de la Plata y del Tucumán. Es también una recopilación de notas de viaje pintorescas y un testimonio interesante sobre la vida cotidiana en las colonias españolas en el siglo XVII. Sin duda todas estas observaciones no tienen un valor de absoluta autenticidad, puesto que Accarette no verificó todo lo que le contaban y así varios elementos del relato podrían considerarse de «segunda mano», aunque la mayor parte de sus comentarios personales sí son confirmados por los relatos de otros viajeros que visitaron esas tierras.

Nos enteramos, en este aspecto, de que si la vida es

muy barata en Buenos Aires, pueblo miserable de comerciantes, donde *«la más común de las riquezas de los habitantes es en ganado»*, por lo contrario, la ciudad de Potosí es ostensiblemente mucho más cara. Su visión describe una ciudad opulenta donde se cuentan hasta cuatro mil casas bien construidas y de buena piedra, con varios pisos. El alto nivel de vida hace subir los precios y los costos, lógicamente. No hay que olvidar que cuando Accarette llegó a la Villa Imperial en 1657, ésta contaba unos 160.000 habitantes o sea casi cien mil más que París!

Los comentarios que hace Accarette sobre la vida en Buenos Aires, donde *«la perdiz no cuesta más que un sol y el resto en proporción»*, son confirmados por otro relato, el de Durret[11], quien nos revela que medio siglo más tarde las condiciones económicas no habían cambiado en Buenos Aires y que el precio de la perdiz tampoco había variado: *«Desde que viajo, sea a Europa, a Asia, al Africa y luego a América, no encontré un lugar donde todo esté tan barato, con excepción del vino y de la leña que son escasos. La vaca más grande no se vende a más de un escudo y se sacan treinta soles del cuero. Se puede conseguir una oveja por treinta soles, un faisán, una ganga por dos soles, una perdiz por un sol, los gansos los patos, las cercetas, los tordos y otros animales de caza todavía más baratos...»*.

Otro aspecto de lo más curioso de la vida cotidiana de

---

11 Durret: *Voyage de Marseille à Lima et dans les autres lieux des Indes Occidentales*, Paris, 1720 (capítulo XX). Se trata probablemente de un viaje imaginario, como lo afirma el padre Labat, donde el interés se encuentra en hacer una síntesis de los relatos de la época, de los cuales varios nos son desconocidos. Durret se inspiró tal vez del mismo Accarette y sobre todo del padre Feuillée, el cual, por su parte, nota: «Vi una mañana en una carreta un hermoso dorado, que pesaba aproximadamente 30 libras... Lo compré, me lo vendieron a un real, lo que equivale a 10 soles en nuestra moneda... los animales de caza no son más caros que el pescado.» (Feuillée, Louis, *Journal des observations physiques, mathématiques et botaniques, faites par ordre du Roi sur les côtes orientales de L'Amérique Méridionale, et dans les Indes Occidentales, depuis l'année 1707 jusqu'en 1712*, Paris, 1714, (p. 249).

Buenos Aires es la llegada, con las lluvias, de una *«gran cantidad de especies de sapos»*, lo que también fue observada por Durret: «*(Los habitantes) están incomodados por una cantidad prodigiosa de sapos enormes que entran por todas partes en las casas. Se usa un asador donde se ensartan tantos como caben, luego se tiran en el medio de la calle y luego se sigue con esta ida y vuelta, de manera que en poco tiempo se forman grandes montones...*»

Otros animales han llamado la atención de nuestro viajero, en particular las avestruces y las vicuñas. Pero los datos de más interés son aquellos que nos ofrece sobre las ciudades y los pueblos, la evaluación de su población (por ejemplo, anuncia la ruina y la próxima desaparición de Esteco), la proporción en la población de criollos, mestizos e indios. También hace penetrar el lector en los fastuosos interiores de las casas de Potosí, donde estaban encerradas con recelo las damas criollas que mascaban coca, para matar el aburrimiento. El mercader se interesó, particularmente, en la técnica de purificación de la plata y en la organización del trabajo en las minas. No omite hablarnos de la triste condición de los mineros, la cual no parece emocionarlo mucho, a pesar del horror de las condiciones de trabajo. Se contenta con decir que «*no pasa ni una semana en que no mueran algunos...*».

Los detalles que proporciona sobre los indios «serranos» (grupo indígena del Chaco), sobre su moral y su religión y, en particular, sobre el canibalismo, nos parecen de un valor etnográfico dudoso, ya que es poco probable que pudiera observar él mismo este ritual: «*despedazan (a sus enemigos) y los cortan en varios pedazos que comen luego de haberlos puesto a asar un poco y agarran el cráneo de sus cabezas, que utilizan para beber»*, detalles similares a los que da Coreal[12] a propósito de los indios Charrúas: *«cuando toman prisioneros, les dan un porrazo, los asan y los comen inmediatamente».* Tiene más credibilidad, cuando nos dice que los habitantes de Asunción se acuestan en desorden en las calles para aprovechar del fresco nocturno o cuando nos describe esta curiosa barca improvisada para cruzar los arroyos crecidos, que más tarde se conocerá bajo el nombre de *pelota*. En este caso, los testimonios abundan, pero son todos posteriores al de Accarette: uno de los menos conocidos es el de un misionero jesuita, el padre Chomé, que cuenta: *«La carga y aquellos que no saben nadar, pasan en pequeñas embarcaciones a las que llaman pelota: es un cuero de vaca bien seco, al que se le levantan las cuatro esquinas en forma de barco pequeño. Le toca al que se encuentra arriba quedarse muy tranquilo, ya que con un mínimo de movimiento que se dé, se encontrará en seguida en el agua*[13]*».*

Por fin, el aporte mayor tal vez de este texto, estriba en los detalles relativos a la historia comercial: historia de los flujos de mercaderías, donde evoca el intercambio de las telas de Rouen por plata de Potosí o por cueros de la Pampa; Es notable también, lo que se refiere a la circulación monetaria, pues así se aprende que era casi ausente la moneda de plata en las transacciones americanas, que se realizaban mayormente a través del trueque (el gran comercio, empero, estaba dominado por la letra de cambio). En cuanto a las relaciones entre los comerciantes, se entiende que son honestos por necesidad, ya que el comercio se basaba, en Europa como en América, en la palabra de

---

12 *Voyages de François Coreal aux Indes Occidentales*, Paris, 1722 (II parte, cap X, p. 228)

13 *Lettres édifiantes et curieuses de l'Amérique méridionale*, par quelques missionnaires de la Compagnie de Jésus,

los contratantes. Por eso, los fardos de mercaderías no se revisaban en la feria anual de Portobelo, donde todo se trataba sólo por medio de la buena fe. Del mismo modo, los productos europeos que Accarette vende a los comerciantes de Potosí, los tiene pagados siete meses antes su entrega en Jujuy (luego tienen que pasar de contrabando hasta Potosí). Maleo, por su parte, muestra su gran probidad hasta el punto que se obliga a encontrarse con Accarette, desterrado de España, en la frontera, para poner sus cuentas al día y reconocer que le debe sesenta mil libras. Paradoja de este mundo de «comerciantes a largo plazo», a la vez honestos en sus negociaciones comerciales y capaces de miles de astucias y artimañas, sobre todo si se trata de engañar a los gobiernos y de soslayar sus reglamentaciones estrictamente mercantilistas.

El relato de este comerciante aventurero, mezcla de espía y de filibustero, constituye, por la variedad de sus observaciones, un testimonio muy valioso para la historia del Río de la Plata, de Tucumán y de Potosí en el siglo XVII, teniendo en cuenta que para la historia de la región los documentos sobre aquella época y sobre estos lugares son muy escasos.

Jean-Paul Duviols
París - Enero 2008

Relación de un viaje al Río de la Plata y de allí por tierra al Perú. Con observaciones sobre los habitantes, sean indios o españoles, las ciudades, el comercio, la fertilidad y las riquezas de esta parte de América

Relation des Voyages

du s.' d'Accarette dans la Riuière de
la Plate, et de là par terre au Perou, et des
observations qu'il y a faictes.

L'Inclination que jay tousiours eüe a voyager
aux païs estrangers me fit quitter la maison de mon pere estant encore
assez jeune, mais je puis dire auec verité que je me portay à cette
resolution bien moins par vne simple curiosité de voir du païs q'
par le desir d'acquerir des Lumieres et des connoissances dont je pusse
dans la suitte du temps me preualoir, non seulement pour mes
interestz particuliers mais aussy pour le seruice de mon Prince et
de ma patrie, ce que je proteste auoir esté la principale fin de mes
voyages. Je passay d'abord en Espagne où je me rendis dans peu
de temps la langue du Païs assez familliere. y ayant faict quelq:
seiour, particulierement à Cadis, il me prit enuie d'aller aux Indes
occidentales occupées par les Espagnols sur le recit que j'auois souuent
ouy fait par eux mesmes des richesses qu'ils en tirent et de la bonté du
Païs. Il s'agissoit d'en rencontrer vne occasion fauorable qu'il est fort
difficile à vn Estranger de trouuer en ce païs là; et il arriua vne
conjoncture qui en fist naistre vne dans la suitte du temps de la
maniere que je vas raconter.

En l'année 1654. Oliuier Cromwel alors Protecteur de la
Republique d'Angleterre ayant formé le dessein de surprendre les
Galions du Roy Catholique qui reuiennent tous les ans des Indes
auoit enuoyé vne armée nauale soubz le commandement de Blak
vers les costes d'Algarue et d'Andalousie pour les attendre à leur retour,
sur l'auis que les Espagnols en eurent, ils prirent resolution d'en equi-
per promptement vne pour l'opposer à celle des Anglois et faire
auorter leur entreprise. Ils assemblerent à cet effect vingt huit

Viajes al Río de la Plata y a Potosí (1657-1660)

La inclinación que siempre tuve a viajar a los países extranjeros, hizo que desde muy joven abandonase la casa de mi padre. Puedo asegurar, para decir la verdad, que no me impulsaba tanto la mera curiosidad de ver países extraños, sino también la esperanza que abrigaba de adquirir conocimientos y desenvolver mi inteligencia, lo que en el futuro podría serme de utilidad, no sólo para mis intereses particulares, sino también para el servicio de mi Príncipe y de mi patria, que afirmo ser el principal motivo de mis viajes.

Fui primero a España en donde me familiaricé con el idioma, pues pasé algún tiempo allí, particularmente en Cádiz. Se despertó entonces en mi el deseo de visitar las Indias occidentales, ocupadas por los españoles, pues había oído hablar muchas veces de la belleza y de la fertilidad del país y de las grandes riquezas que de él se extraían. Era preciso encontrar una oportunidad para ello, lo que era muy difícil para un extranjero. Se presentó, sin embargo, una situación que, con el tiempo, favoreció mi designio tal como lo voy a contar a continuación.

En el año 1654, Oliver Cromwell, en aquel entonces protector de la República de Inglaterra, luego de haber concebido el plan de tomar por sorpresa los galeones del rey Católico, envió una armada bajo las órdenes de Blake hacia las costas de Algarve y de Andalucía para esperar estos galeones que volvían anualmente de las Indias. Siendo advertidos de ello, los españoles resolvieron equipar a toda prisa una escuadra para contrarrestar a la de los ingleses y frustrar sus designios. Con este fin, juntaron veintiocho buques de guerra y seis brulotes que tomaron el mar bajo el mando de don Pablo de Contreras [14], cuyo vicealmirante era el almirante Castaña, a bordo de cuyo buque me había embarcado. Se encontraron las dos escuadras cerca del cabo de San Vicente, en donde demoraron muchos días. Los ingleses se dieron cuenta de que no podían hacer nada, por lo tanto se retiraron con dirección a Lisboa y la armada española hacia Cádiz. Ahí fue donde llegaron salvos todos los galeones a principios del año 1655, excepto el del vicealmirante el cual se había perdido en el Canal de Bahamas, en las costas de la Florida.

Algún tiempo después, los ingleses declararon la guerra contra los españoles de un modo más abierto, con la expedición que les permitió apoderarse de la isla de Jamaica.[15] La navegación hacia las Indias Occidentales quedó por largo tiempo interrumpida por los corsos incesantes que hacían los ingleses en las aguas de Cádiz y de Sanlúcar. Allí interceptaron varios buques que venían de las Indias ricamente cargados de mercaderías. Se apoderaron de uno de los mayores, incendiaron otros dos, y derrotaron el resto. Seguidamente, se fueron a las Islas Canarias, en donde quemaron la mayor parte de la flota que había llegado

---

14 General de los galeones de la flota española de 1643 a 1655.
15 Los ingleses, que desde hacía mucho tiempo tenían como objetivo la ocupación de las Antillas, que los filibusteros regularmente atacaban, enviaron una poderosa escuadra de 6.500 hombres bajo el mando del el almirante Penn, para tomar la isla en beneficio de Inglaterra y de Oliver Cromwell. La isla fue tomada en 1656.

allí con procedencia de la Nueva España, la cual esperaba órdenes de Madrid acerca del derrotero que debía seguir para escapar de los ingleses.

Mientras esto sucedía, los holandeses, que trataron de sacar provecho del desorden y de las dificultades en que se hallaban envueltos los españoles, mandaron varios buques al Río de la Plata, cargados de una cantidad de mercaderías y de negros, los cuales habían embarcado en Angola y Congo. Llegaron estos buques a dicho río y lo remontaron hasta Buenos Aires, donde los habitantes no habían recibido, desde hacía largos años, la acostumbrada ayuda de los galeones de España cuya navegación quedaba interrumpida por los ingleses. Además, les hacía falta negros y otras cosas. Por lo tanto, los habitantes intercedieron de tal modo ante el Gobernador[16] que, a cambio de un presente que éstos obligaron a los holandeses a hacerle y después de obligarles a pagar los derechos correspondientes al Rey Católico, se les permitió desembarcar, entrar en el pueblo y comerciar.

Mientras tanto, los ministros de España, temerosos porque la interrupción del comercio y la escasez de mercancías europeas en aquellos lugares pudiera inducir a los habitantes a recibir los extranjeros y a comerciar con ellos (cosa que trataban de impedir lo más posible), consideraron que era conveniente conceder licencias a varios de sus súbditos para ir a negociar a las Indias por su propia cuenta y riesgo.

Un caballero de la Orden de Santiago, llamado Ignacio Maleo, de la provincia de Guipúzcoa, consiguió una de estas licencias y aprestó un buque en Cádiz, en donde en

---

16   El gobernador complaciente fue don Pedro Ruiz Baigorri, Caballero de la Orden de San Francisco y originario de Estela (Navarra). Tomó sus funciones como gobernador de Buenos Aires en 1653. Fue reemplazado por Alonso Mercado y Villacorta en 1660.

aquel entonces me encontraba yo. Determiné embarcarme en este buque, y con tanto gusto, cuanto que anteriormente había tenido algunos negocios con dicho caballero. Por la amistad que habíamos trabado, me permitió tomar su apellido, como si fuera sobrino suyo, para ocultar así mi calidad de extranjero, que, de haberse sabido, me habría impedido hacer el viaje, porque en España no permitían que embarcasen en sus buques hacia las Indias sino a los españoles nativos.

Listo para izar las velas, nuestro buque de cuatrocientos cincuenta toneladas se hizo a la mar a fines del mes de diciembre de 1659. Al cabo de ciento cinco días, llegamos a la desembocadura del Río de la Plata, donde nos encontramos con una fragata francesa al mando del capitán Foran, con la cual tuvimos combate por algún tiempo. Nos libramos de ella y continuamos con nuestro derrotero hasta que llegamos frente a Buenos Aires, en donde hallamos veintidós buques holandeses y entre ellos dos ingleses, en los que se cargaban para el retorno, cueros de toro, cantidad de plata labrada y lana de vicuña, que habían recibido a cambio de sus mercancías. Pocos días después, tres buques holandeses saliendo de la rada se encontraron con el mismo buque del capitán Foran, que estaba acompañado por otra fragata llamada *La Maréchale*, capitaneada por el caballero de Fontenay. Después de un reñido combate, los holandeses tomaron la fragata del caballero, se adueñaron de todo lo que llevaba y lo mataron.

Este incidente alarmó a los habitantes de Buenos Aires e hizo que tomaran las armas, pues se imaginaron que se encontraba en el río una escuadra francesa que había venido con la intención de atacar el país. Por este motivo, resolvieron pedir auxilio al Conde de Alba de Liste[17], virrey de todas las posesiones españolas en América y residente en Lima, en el Perú, quien hizo reclutar con mucha dificultad y alguna violencia apenas cien hombres, los cuales fueron enviados sólo ocho o nueve meses después, bajo las órdenes de don Sebastián Camacho.

---

17 Don Luis Enrique de Guzmán virrey del Perú entre 1655 a 1661.

Accarette du Biscay

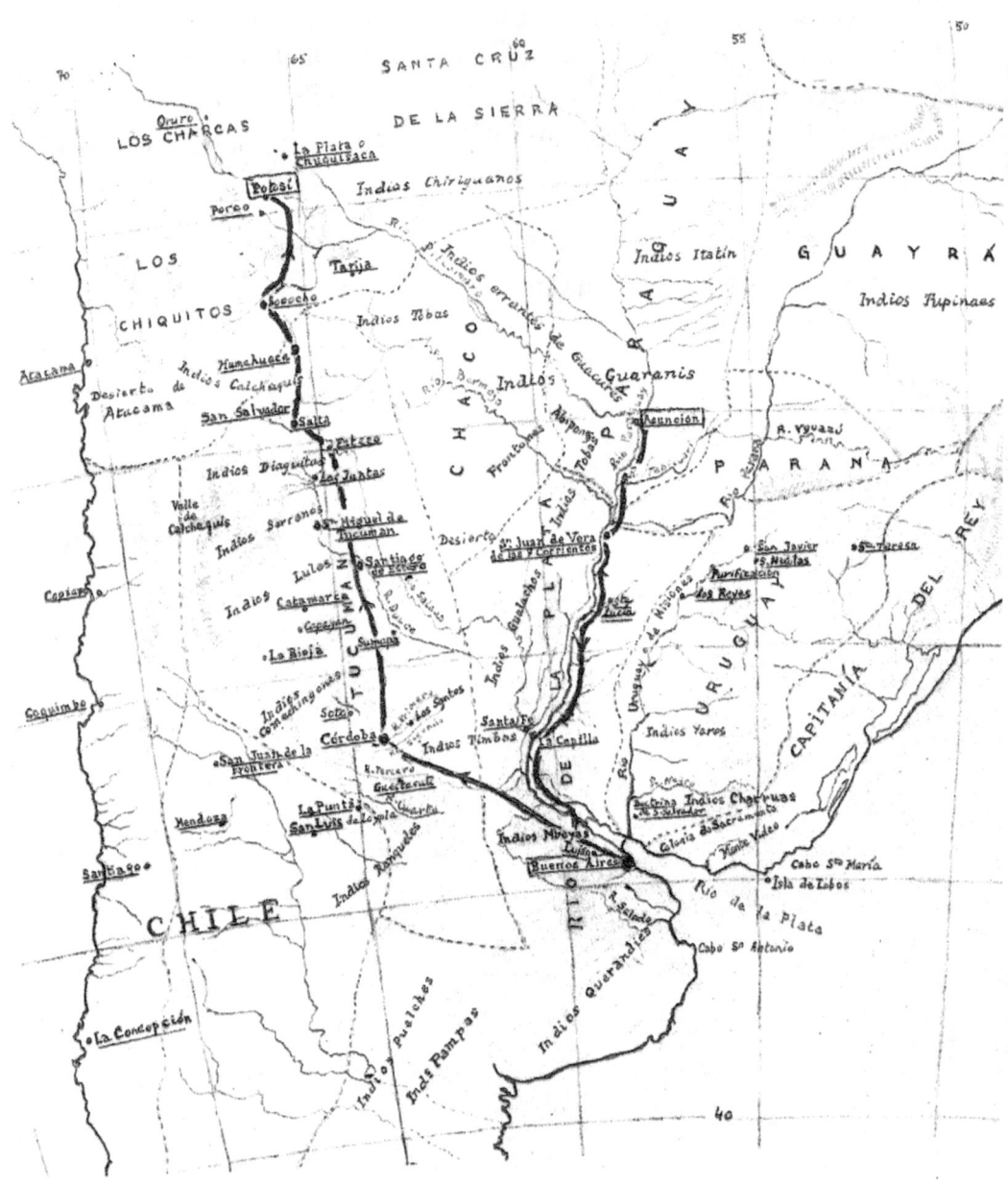

El Río de la Plata

Pero antes de seguir más adelante, conviene que haga presente lo que observé acerca del Río de la Plata y de los países que están en su cuenca. En aquellos lugares lo llaman el Paraguay, pero más comúnmente el Paraná, probablemente porque el Río Paraná desemboca en él, más arriba del pueblo de Corrientes. Su embocadura, que está en los treinta y cinco grados de latitud Sur, más allá de la línea equinoccial, tiene ochenta leguas de anchura entre el cabo de San Antonio y el de Castillos. Aunque en todas partes tiene bastante profundidad, la ruta más común y habitual que siguen los navegantes, se encuentra del lado del norte, desde Castillos hasta Montevideo, que se halla a medio camino de Buenos Aires. Y a pesar de que hay un canal del mismo lado del norte, desde Montevideo hasta Buenos Aires, donde la parte menos profunda es de tres brazas, para mayor seguridad cruzan frente a Montevideo por el canal de la misma costa que está al sur, porque es más ancho y porque en la parte menos profunda alcanza tres brazas y media de profundidad. El fondo es fangoso hasta llegar a dos leguas de Buenos Aires, donde hay un banco de arena. Se toma allí un práctico para dirigir los buques hasta un lugar llamado el Pozo, frente al pueblo y a tiro de cañón de la ribera; sólo se permite que lleguen allí los buques que tienen licencia del Rey Católico. Los demás se ven obligados a fondear una legua más abajo.

El río abunda en peces, pero de éstos sólo siete u ocho clases son comestibles. Abundan también ballenas llamadas *gibbars*, y lobos marinos que procrean en tierra y cuya piel es aplicable a diversos usos. Me refirieron que cinco o seis años antes de mi llegada, el lecho del río se había quedado por algunos días casi seco, no habiendo quedado agua sino en el canal del medio, y allí era tan poca, que lo pasaban fácilmente a vado a caballo, como pueden cruzarse casi todos los ríos que desaguan en el de La Plata, donde hay también muchas nutrias que no son negras, de cuyas pieles se visten los salvajes.

La región del lado del norte regada por el Río de la Plata es de mucha extensión y habitada sólo por salvajes llamados Charrúas. La mayor parte de las pequeñas islas que pueblan el río, así como las costas, están cubiertas de bosques en los que abundan jabalíes.

Desde el cabo de Castillos hasta el río Negro, como también desde el mismo cabo hasta San Pablo, limítrofe con el Brasil, las costas están deshabitadas, pese a que el país, especialmente a lo largo del río, parece ser excelente, regado por arroyuelos que bajan de los cerros y colinas. Al principio, los españoles poblaron allí, pero después se trasladaron a Buenos Aires, porque era molesto cruzar el Paraná Grande para ir hacia el Perú.

Bajé con frecuencia a tierra más arriba del río Negro, pero nunca me interné más de tres cuartos de legua tierra adentro. Se ven pocos salvajes, pues tienen éstos sus moradas en el interior del país. Los que encontré eran bien formados, gastaban pelo largo y barba escasa. No visten más que una gran piel compuesta de varias pequeñas que les cuelga hasta los pies y como calzado, una suela de cuero en la planta de los pies asegurada con correa .

Como ornamenta usan en la cabeza una cinta de algún tejido que cubriéndoles la frente, mantiene su pelo echado hacia atrás. Las mujeres no gastan más trajes que estas mantas de pieles, las cuales atan a la cintura, cubriéndose la cabeza con una especie de sombrerito hecho de juncos de diversos colores.

Desde el río Negro hasta Corrientes y el río Paraná abundan los toros y las vacas. Hay también muchos ciervos, cuyas pieles venden haciéndola pasar por verdadera piel de ante. Los salvajes de las inmediaciones del río Negro son los únicos, desde el mar hasta allí, que están en comunicación con la gente de Buenos Aires. Y los caciques y curacas, que son sus jefes, rinden homenaje al gobernador de aquel lugar, del cual sólo están distantes de veinte leguas.

Uno de los pueblos principales habitados por los españoles que se encuentra en ese lado es el de Las Siete Corrientes, situado cerca en la confluencia de los dos ríos, Paraguay y Paraná. Sobre el Paraná se hallan tres o cuatro aldeas, a bastante distancia unas de otras, y escasamente pobladas, a pesar de que el país es muy adecuado para viñedos y los hay plantados ya suficientes como para abastecer de vinos a los lugares vecinos.

Estas poblaciones están bajo la jurisdicción de un gobernador que reside en Asunción, que es la plaza más importante que tienen los españoles en aquella región. Esta ciudad se halla situada en el río Paraguay, más arriba, del lado del norte. Es la ciudad metropolitana y es la sede de un obispado. Contiene varias iglesias muy bonitas y conventos de religiosos muy bien acomodados. Está bien poblada de habitantes, porque muchos ociosos que han fracasado en sus negocios no pueden ya vivir en España o en Perú, suelen refugiarse allí. La tierra abunda en maíz, mijo, azúcar, tabaco, miel, ganados, maderas de roble adecuadas para las construcciones navales, pinos para mástiles y, particularmente, en aquella hierba llamada hierba del Paraguay[18], con la cual hacen un gran negocio en todo el occidente. Esto obliga a los comerciantes de Chile y del Perú a mantener comunicación con los del Paraguay, porque sin esa hierba, con la cual se prepara una bebida muy refrescante, con agua y azúcar, que debe tomarse un tanto tibia, los habitantes del Perú, salvajes u otros, y especialmente los que trabajan en las minas, no podrían subsistir. Puesto que el suelo del país está lleno de vetas minerales, los vapores que exhala la tierra los resecaría y hasta los sofocaría, y sólo esta bebida los cura, pues los humecta y refresca de tal modo que recuperan su vigor natural.

---

18   Yerba mate.

En esta ciudad de Asunción los nativos, como también los otros, son muy humanos y tratan perfectamente bien a los extranjeros. Se entregan a los goces con mucha libertad, aún con respecto a las mujeres, hasta tal punto que como están obligados a dormir al aire libre (a causa del excesivo calor), tienden sus colchones en las calles y allí acostados pasan la noche, todos juntos, hombres y mujeres, sin que nadie se escandalice de ello. Puesto que tienen todo lo necesario para comer y beber, se entregan a la holganza, cuidándose poco de ir afuera para comerciar ni de atesorar dinero, por cuya razón este artículo es entre ellos escaso, pues se contentan con trocar sus propios productos, por otros que les son más necesarios o útiles.

Más hacia el interior del país, es decir, hacia las vertientes del río Uruguay, yendo hacia el Paraná y la provincia del Paraguay, existen muchas poblaciones establecidas allí por los padres jesuitas, por medio de las colonias que han transplantado y de las misiones que han fundado. Su influencia fue tal en la mente de los salvajes de aquellas comarcas, que son de un natural apacible, que consiguieron que abandonaran sus bosques y montañas y se fueran a vivir juntos en aldeas, les han impuesto una vida social, les han instruido con las verdades de la religión cristiana, les han enseñado las artes mecánicas, la música, a tocar instrumentos y varias otras artes convenientes para la comodidad de la vida. De modo que los misioneros que vinieron en esos lugares para la propagación de la fe, son recompensados con largueza con las ventajas que cosechan allí.

Lo que aparentemente ha motivado más a los jesuitas

para extender su dominio en aquellas regiones fue que descubrieron minas de oro de las que, exclusivamente ellos, sacan todo el beneficio. Temen que si los españoles se enterasen de la riqueza de la región y de sus misiones, tuvieran ganas de adueñarse de ellas. Por lo tanto, no permiten que ningún español penetre en el territorio y toda su política tiende a mantenerlos alejados y así quedarse como los únicos dueños. Sin embargo, no pudieron impedir que algunos descubrieran algo, entre otros don Jacinto de Lariz, gobernador de Buenos Aires[19], quien por el año 1653, tuvo orden del Rey de España de que fuera a visitar estas poblaciones y se enterase del estado en que se encontraban y también para que hiciese un reconocimiento de la región. Al principio, fue bien recibido a su llegada por los jesuitas, pero cuando éstos se dieron cuenta de que empezaba a inspeccionar las producciones y las riquezas del lugar, incitaron contra él a los salvajes, los cuales, temiendo el trabajo de las minas, tomaron las armas y le obligaron a él y a los cincuenta hombres que le acompañaban a abandonar el país.

El gobernador que le sucedió, quiso sacar provecho de las informaciones más precisas que tenía: hizo estrecha alianza con los jesuitas de su jurisdicción, que mantenían tratos y que comunicaban con los otros. Habiendo recibido grandes beneficios de parte de unos holandeses que habían venido a comerciar en Buenos Aires, convino con los jesuitas a quienes había confiado cien mil escudos en plata, que le suministrarían una cantidad de oro equivalente a esta suma para que la pudiese llevar más cómodamente. Pero este mismo gobernador fue detenido por orden del

---

19 De 1645 a 1653.

Rey de España, por haber permitido que entrasen a traficar esos holandeses, se le confiscó el oro, y habiéndose probada la calidad de este oro, resultó ser más fino que el del Perú, y por ésta y por otra informaciones, se supo que procedía de las minas que los jesuitas habían descubierto en aquellos lugares.

Del otro lado del Río de la Plata, que es la parte sur, desde el cabo de San Antonio hasta 30 leguas arriba de Buenos Aires, la navegación es peligrosa a causa de los bancos existentes, y por lo tanto la navegación se hace siempre por la banda del norte, como ya se dijo. Cuando se llega frente a ese lugar y se pasa al sur, el río es navegable, sobre todo cuando lo hincha el viento río arriba, porque cuando sopla de tierra el viento del oeste, bajan las aguas. Sin embargo, aún cuando está en su más bajo nivel el agua, hay tres brazadas y media en ambos canales, del norte y del sur.

Es particularmente subiendo por el canal del sur, cuando se empieza a divisar aquellas extensas y bellas llanuras que llegan hasta Buenos Aires y van más allá del río Saladillo, a sesenta leguas de Córdoba y que están cubiertas de toda clase de ganado, que aunque diariamente se matan en gran cantidad para aprovechar los cueros, no hay indicios de que éstos disminuyan.

Tan pronto como llegamos al puerto de Buenos Aires, avisamos al gobernador. Cuando éste se enteró de que teníamos una licencia del rey Católico para nuestro viaje (sin la cual hubiera podido y hubiera debido, según las órdenes y la práctica ordinaria, negarnos la entrada en la plaza) mandó a bordo a los oficiales reales para que efectuasen la visita acostumbrada en nuestro buque. Después de esta visita, desembarcamos nuestras mercaderías, y las llevamos en unos almacenes que alquilamos por el tiempo de nuestra permanencia. Consistían en telas de toda clase, especialmente en las que han sido manufacturadas en Rouen, que es una de las mercancías que se venden bien en aquellos países, lo mismo que sedas, cintas, hilo, agujas, espadas, herraduras de caballos y toda clase de herramientas, drogas, especies, medias de seda y lana, paños, sargas y otros géneros de lana, y en general todos los artículos relativos a las vestimentas de hombres y mujeres que, según se nos habían informado, eran mercancías cuyo negocio era ventajoso y de mucho provecho en aquellas regiones.

Como es costumbre, luego que llega un buque a Buenos Aires con licencia real, el gobernador o el capitán del buque despachan un mensajero al Perú con las cartas de España, si las trae, o sólo para avisar a los mercaderes del Perú de su llegada, con cuya noticia muchos salen inmediatamente para Buenos Aires o envían comisiones a sus corresponsales para comprar las mercaderías que necesitan. Fui mandado para ocuparme de ambos encargos, pues entre muchas cartas que traíamos, venía un gran paquete de Su Majestad Católica para el Perú. Estaba guardado en un cajón de plomo, como comúnmente se envían todos los despachos de la Corte Española para las Indias, a fin de que, si el buque que los lleva estuviese en peligro de caer en manos enemigas, los encargados hostigados pudiesen inmediatamente arrojarlos al agua y que así se hundiesen más rápidamente hasta el fondo del mar y sustraerlas de este modo a la indagación de sus enemigos. Se me encargó aquel paquete, que contenía varias cartas para el virrey del Perú y para otros oficiales principales en aquellos lugares, relacionadas con el nacimiento del Príncipe de España[20]. Se me dio también un inventario certificado por los oficiales del Rey en Buenos Aires, de la mayor parte de nuestra mercadería, para enseñarlo a los comerciantes de Potosí. Pero tengo que confesar a este propósito que las mercaderías no llegaron a sus manos sino hasta siete u ocho meses después de haberlas comprado.

---

20   Las espléndidas fiestas que se hicieron en Potosí y que Accarette nos describe más adelante en su relato fueron hechas en honor al nacimiento de Felipe Andrés, hijo de Felipe IV, que moriría a los 4 años, el 29 de septiembre de 1662. Una semana después de su muerte nacerá el futuro Carlos II, último representante de la dinastía de los Habsburgo.

Descripción de Buenos Aires

Antes de decir nada de mi viaje al Perú, quiero señalar aquí las cosas más notables que observé en Buenos Aires tanto a mi llegada como a mi regreso. El aire es bastante templado, más o menos como en Andalucía, pero no tan caliente: las lluvias caen casi con tanta frecuencia en verano como en invierno; y la lluvias que caen en los tiempos calurosos produce una gran cantidad de especies de sapos, que son muy comunes en estos países, pero no son venenosos.

El pueblo está situado en un terreno elevado a orillas del Río de la Plata, a tiro de mosquete del canal, en un ángulo de tierra formado por un pequeño riacho llamado Riachuelo el cual desagua en el río a un cuarto de legua del pueblo. Está compuesto de cuatrocientas casas y no tiene cerco, ni muro, ni foso, y nada que lo defienda, sino un pequeño fuerte de tierra que domina el río, circundado por un foso y no hay más que diez cañones de hierro, el mayor de los cuales es de a doce [21].

Allí es donde reside el gobernador. La guarnición no pasa de ciento cincuenta hombres, y está formada por tres compañías, mandadas por tres capitanes, los cuales son nombrados por el gobernador a su antojo y a quienes cambia con tanta frecuencia, que es difícil hallar en el pueblo un rico burgués que no haya sido capitán. Además, estas compañías no están siempre completas, porque a los soldados les atrae lo barato de la vida en aquellas regiones y por lo tanto desertan con frecuencia, a pesar de los esfuerzos que se hacen por mantenerlos en el servicio, pagándoles altos sueldos, que alcanzan cuatro reales de plata [22] diarios que equivalen a dieciocho soles y un pan fresco de tres soles y medio, que es suficiente para la alimentación de un hombre. Pero el Gobernador mantiene en una llanura próxima mil doscientos caballos domados para su servicio ordinario y, en caso de necesidad, para que los monten los habitantes del pueblo, formando así un pequeño cuerpo de caballería.

---

21   Las informaciones que proporciona Acarette sobre la guarnición de Buenos Aires fueron confirmados por Sainte Colombe en la misma época: « Una ciudad pequeña de unas trescientas o cuatrocientas familias que para su defensa no tiene más de doscientos soldados en la guarnición, un gobernador, un comandante y dos capitanes. El número de habitantes capaces de tomar las armas no pasa de cuatrocientos. No está protegida ni defendida por ninguna muralla, por ningún atrincheramiento ni por ningún foso". *Mémoire touchant l'établissement d'une colonie à Buenos Aires ou sur la rive opposée du Rio de la Plata, par le sieur de Sainte Colombe*, 1664 (p.225-226)

22   Las equivalencias monetarias de la época son particularmente complejas por el hecho de la utilización conjunta en los cálculos de moneda de compra y de monedas metálicas. El mismo Accarette parece perderse en el sistema monetario español fijado, por Isabel la Católica, sobre la base de 84 piezas el marco de plata, apreciandole una vez a 4,5 céntimos y otra vez a 7 u 8. Los cálculos no son verdaderamente precisos sino por las equivalencias impuestas por el Rey que son la base de la ley monetaria: así, en 1647, una libra vale 20 centavos y un escudo de plata vale 3 libras. Según Accarette un patacón, moneda española, valdrían 2,8 libras lo que es casi tanto como un escudo.

Además de este fuerte, hay un pequeño bastión en la boca del riachuelo. Allí se mantiene una guardia con apenas dos pequeños cañones de hierro, de a tres. Este bastión domina el punto donde atracan las lanchas para descargar o recibir objetos, las cuales están sujetas a las posibles visitas de los oficiales del bastión, tanto en el embarque como en el desembarque.

Las casas del pueblo están edificadas con barro, porque hay poca piedra en todos estos países hasta el Perú. Los techos están hechos sólo con cañas y paja y no tienen pisos altos. Todas las habitaciones son de un solo piso y muy espaciosas; tienen corrales, y grandes huertas, llenas de naranjos, limoneros, higueras, manzanos, perales y otros árboles. Hay además hortalizas en abundancia, como coles, cebollas, ajos, lechuga, arvejas y habas. Sus melones, en especial, son excelentes, pues la tierra es muy fértil y muy buena para producir cualquier cosa. La gente vive muy cómodamente y a excepción del vino, que es algo caro, tiene toda clase de alimentos en abundancia, como carne de vaca y ternera, de carnero y de venado, liebre, gallinas, patos, gansos silvestres, perdices, pichones, tortugas y aves silvestres de toda especie, y tan baratas que se pueden comprar perdices a un sol cada una y lo demás es a proporción.

Hay también numerosas avestruces que andan en tropillas como el ganado, y aunque su carne es buena, nadie la come sino los salvajes. Hacen sombrillas con sus plumas para protegerse del sol, las cuales son muy cómodas para el campo; sus huevos son buenos y todos los comen, a pesar de que, según dicen, son difíciles de digerir. Observé en estos animales una cosa muy notable y es que mientras las hembras incuban sus huevos y cuando éstos están listos para la eclosión, tienen el instinto de proveer al sustento de sus polluelos. Así es que cinco o seis días antes de que salgan del cascarón, colocan un huevo en cada uno de los cuatro extremos del lugar en donde están echados, y luego los quiebran y cuando están rotos, se pudren y se crían en éstos moscas y gusanos en gran número, los cuales sirven para alimentar a las pequeñas avestruces desde el momento en que nacen y salen de la cáscara, y esto les basta hasta que estén en condiciones de ir más lejos en busca de alimentos.

Las casas de los habitantes más ricos están adornadas con tapices de Bérgamo o de tafetán, cuadros y otros ornamentos y muebles de calidad. Todos lo que se encuentran en situación acomodada son servidos únicamente en vajilla de plata y tienen muchos sirvientes, negros, mulatos, mestizos, indios, cafres o zambos, los cuales son todos esclavos. Los negros proceden de Guinea, los mulatos son hijos de un español y una negra, los mestizos son nacidos de una india y un español, y los zambos de un indio y una mestiza. Todos se distinguen por el color de su tez y sus cabellos.

Los habitantes emplean a estos esclavos en el servicio doméstico o para cultivar sus terrenos, ya que tienen grandes estancias abundantemente sembradas que dan mucho trigo, trigo candeal, cebada y mijo. O bien para cuidar de sus caballos o mulas, que en invierno o en verano se alimentan con pasto, o para matar toros, y finalmente para cualquier otro servicio.

Toda la riqueza de estos habitantes consiste en ganado que se multiplica tan prolijamente en esta provincia, que las llanuras están cubiertas de ello, particularmente de toros, vacas, ovejas, caballos, yeguas, mulas, burros, cerdos, venados y otros, de tal modo que si no fuese por una cantidad prodigiosa de perros [23] que devoran los terneros y otros animales tiernos, devastarían el país.

Sacan tanto provecho de las pieles y cueros de estos animales, que un solo ejemplo bastará para dar una idea de cuánto podría aumentarse este beneficio si estuviera bien administrado. Me bastará decir que los veintidós buques holandeses que encontramos en Buenos Aires a nuestra llegada estaban cargados, cada uno de ellos, con trece a catorce mil cueros de toro (cuyo valor ascendía a trescientas mil libras), comprados como lo fueron por los holandeses a siete u ocho reales la pieza, equivalente a cincuenta y seis soles, los cuales fueron vendidos después en Europa por lo menos quince francos, que es el precio habitual.

Cuando yo manifesté mi asombro al ver tan gran cantidad de animales, me dijeron que iba a sorprenderme más al enterarme de la estratagema de que los habitantes se valen a veces cuando ven buques enemigos que se acercan de sus costas y que quieren desembarcar : la única defensa que utilizan consiste en arrear tal cantidad de toros, vacas, caballos y otros animales hacia la costa y hasta la orilla del mar, que resultaría absolutamente imposible a unos hombres, aunque no temiesen la furia de estos animales bravos, el abrirse paso por medio de una tropa tan inmensa de animales.

En tiempos pasados, los primeros habitantes de este pueblo marcaban los animales que podían atrapar y los en-

---

23 A propósito de los perros errantes podemos leer en los *«Voyages»*, de François Coreal: «La casrroñas, se las abandona a los perros salvajes que vienen en jaurías de 700 a 800 a devorar sus carnes; de tal modo que en poco tiempo se ven más que los huesos. Hasta el presente la pereza no les ha permitido a esta gente destruir semejante cantidad prodigiosa de perros que disminuye la cantidad de cabezas de ganado. Y peor todavía, atacan a menudo a las personas».

cerraban después en los extensos terrenos de sus fincas. Pero éstos se han multiplicado tan rápidamente que se vieron luego obligados a soltarlos, y hoy en día van por el campo y los matan a medida que los necesitan, o cuando quieren hacer provisión de cueros. Actualmente sólo marcan aquellos caballos y mulas que toman para criarlos y domarlos en las fincas para su servicio.

Hay traficantes de caballos que los envían en grandes cantidades al Perú, y sacan pingues beneficios, vendiéndoles cincuenta patagones el par. La mayoría de esos comerciantes son muy ricos, pero los más pudientes son los que trafican con mercancías europeas. La fortuna de muchos de ellos llega a doscientos y hasta trescientos mil escudos, de modo que el mercader que sólo tiene quince o veinte mil escudos es considerado como un vendedor al menudeo. De estos últimos hay unas doscientas familias. El resto de los habitantes no es muy considerable, ya que no se cuentan más que cuatrocientas familias en la aldea, lo que representa entre quinientos y seiscientos hombres armados, además de sus esclavos, que son por lo menos el triple de este número, pero no deben contarse para la defensa porque no están armados y no se les permite llevarlas. De manera que llevan armas solamente los españoles, los portugueses y sus hijos, (los que han nacido en el lugar son llamados criollos, para distinguirlos de los nativos de España) y algunos mestizos.

Y eso sin contar a los soldados de la guarnición del fuerte que tiene más de seiscientos hombres armados, como lo pude observar en diferentes revistas cuando desfilaban montados a caballo tres veces al año, en días festivos, en las inmediaciones de pueblo. También noté que había varios ancianos que no llevaban armas de fuego, sino sólo una espada al cinto, una lanza en la mano, y una rodela al hombro. Hay que señalar también que la mayoría de ellos son hombres casados y jefes de familia poco aguerridos. Les gusta el placer y la tranquilidad y son muy aficionados a las mujeres. Se puede comprender esta debilidad, puesto que hay muchas bastante hermosas, blancas y bien formadas, y son tan fieles a sus amigos que cuando se han entregado a un hombre, no lo quieren cambiar, cualquier cosa que se les ofrezca, y hasta pueden valerse del veneno o del puñal para castigar aquellos que las abandonan con demasiada facilidad.

Las mujeres son mucho más numerosas que los hombres, los cuales ni siquiera son todos españoles, pues hay algunos franceses, holandeses y genoveses, pero todos pasan por españoles de nacimiento, pues de otro modo no podrían residir allí, especialmente los que tienen una religión diferente de la católica Romana, pues la Inquisición que está establecida allí no los dejaría en paz.

Hay también un obispado cuya diócesis se limita a este pueblo y a el de Santa Fe, con las fincas dependientes de ambos. La renta del obispado asciende a tres mil patacones, lo que representa 700 libras de nuestra moneda. La catedral edificada de tierra, lo mismo que las casas, tiene ocho o diez curas para oficiar en ella. Los jesuitas tienen allí un colegio; los dominicanos, los recoletos y los mercedarios tienen cada uno su convento. Hay también un hospital, pero los pobres son tan escasos en este lugar que sirve de poco.

Viaje desde Buenos Aires hasta el Perú

Saliendo de Buenos Aires, rumbo al Perú, tomé el camino de Córdoba, y dejé Santa Fe a mano derecha. Merece la pena decir algo sobre esta población española que depende del gobernador de Buenos Aires. Ahí, el jefe no es más que un teniente que no hace nada sin las órdenes del susodicho gobernador.

Es una pequeña población, compuesta de doscientas cincuenta casas, sin ninguna clase de muralla, fortificación, ni guarnición, distante de Buenos Aires de ochenta leguas por el norte. Está situada a orillas del Río de la Plata, por el cual los grandes buques podrían llegar hasta allí, si no fuese por un gran banco de arena que obstruye el paso, un poco más arriba de Buenos Aires. Sin embargo, Santa Fe es un puesto muy ventajoso ya que es el único paso que permite ir al Paraguay desde el Perú, Chile y Tucumán, y en cierto modo es el depósito de las mercaderías que de allí se extraen, especialmente de la hierba de la que ya hemos hablado, de la cual no pueden prescindir en estas provincias. La tierra es buena y fértil como en Buenos Aires, y puesto que allí se vive casi de la misma manera, no diré nada más, prosiguiendo con mi viaje.

Se cuentan ciento cuarenta leguas desde Buenos Aires hasta Córdoba. Y puesto que no hay muchos lugares poblados en el camino, por lo tanto, me proveí antes de mi salida de aquello que me dijeron que me sería necesario, particularmente para mi transporte. Me aconsejaron que tomase tres caballos y tres mulas, bajo el cuidado de un salvaje que me servía de guía. Una parte de las monturas iba cargada con mi equipaje y la otra estaba destinada al relevo en el camino cuando el animal que yo montaba estuviese cansado.

Desde Buenos Aires hasta el río Luján y aún hasta el río Arrecifes, a treinta leguas del pueblo, pasé por varios poblados o fincas cultivadas por los españoles, pero más allá del río Arrecifes hasta el río Saladillo, no hay ninguna. Tengo que notar de paso, que tanto estos ríos como los demás de las provincias de Buenos Aires, Paraguay y Tucumán, que desembocan en el Río de la Plata, son vadeables sobre todo a caballo, pero cuando las lluvias o cualquier temporal los hace subir y crecer, hay que cruzarlos nadando, o el viajero tiene que subirse sobre un bulto que un salvaje arrastra nadando al lado opuesto. Yo que no sé nadar, tuve que acudir dos o tres veces a este recurso cuando no podía encontrar un vado. Para este efecto, mi salvaje iba en seguida a matar un toro salvaje, lo desollaba y rellenaba la piel con paja. Luego fabricaba con correas del mismo cuero un fardo grande. Me coloqué encima de él con mi equipaje y él comenzaba a nadar asiendo la cuerda a la cual estaba atado el bulto, me jalaba de una orilla a la otra, y luego hacía pasar a nado los caballos y mulas hasta adonde yo esperaba.

Todo el país entre el río Arrecifes y el Saladillo, aunque es deshabitado, abunda en ganado y allí crecen árboles frutales de todas clases, excepto el nogal y el castaño. Hay bosques enteros de durazneros, de tres a cuatro leguas de extensión que producen excelente fruta, que no sólo es comida cruda, sino que también se cuece al horno o lo dejan al sol, para conservarla, como lo hacemos en Francia con las ciruelas. La madera de este árbol es un buen combustible y no se utiliza otra en Buenos Aires y en sus inmediaciones.

Los salvajes que viven en estos campos, se dividen en dos clases: a los que se someten voluntariamente a los españoles se les llama Pampitas, y a los demás Serranos. Unos y otros visten pieles, pero estos últimos, hacen la guerra a los Pampitas cuando los encuentran. Todos ellos pelean a caballo o con lanzas cuyas puntas son de hierro o de hueso afilado, o bien con arcos y flechas elaboradas de igual manera. Visten cuero de vaca para protegerse el cuerpo que tienen más o menos la forma de casacas sin mangas. Los jefes que los mandan, tanto en la guerra como en la paz, son llamados *curacas*.

Cuando en sus guerras cautivan a alguno de sus enemigos, vivo o muerto, se reúnen todos, y después de reprocharle mil veces que él o sus padres causaron la muerte de sus parientes o amigos, lo despedazan, lo asan un poco y se lo comen, le cortan la cabeza y usan el cráneo como recipiente para beber. Se alimentan habitualmente con carne cruda o cocida de los animales que matan y particularmente con carne de potrillo, que les parece más sabrosa que la de las terneras. Comen también pescados que pescan con abundancia en los ríos. No tienen morada fija, sino que vagan de un lado a otro y varias familias suelen estar juntas, viviendo y durmiendo bajo tiendas de pieles.

No he podido saber a ciencia cierta cual era su religión, pero según he podido enterarme, consideran al sol y a la luna como deidades, y durante mi viaje por el campo, observé a un salvaje arrodillado con la cara hacia el sol que daba gritos y hacía extrañas gesticulaciones con los brazos y las manos. Supe por el salvaje que me acompañaba, que era uno de aquellos a quienes llaman *papas*, que por la tarde y por la mañana se arrodillan frente a aquel astro, y mirando por la mañana hacia el levante y por la tarde hacia el poniente, para pedir a aquella supuesta divinidad que les sea propicia, que les conceda buen tiempo y la victoria sobre sus enemigos. Y ya que se colocan en lugares donde se oyen ecos que les contestan, creen que les habla su divinidad. Después, los *papas* cuentan a los demás todo lo que quieren: les dicen lo que tienen que hacer, pronostican el tiempo y lo que les va a pasar.

No celebran grandes ceremonias en sus casamientos, pero observan muchos rituales para los funerales de sus parientes, uno de los cuales consiste en hacer consumir el cuerpo del difunto utilizando cierta tierra. Guardan los huesos en ciertas cajas y llevan consigo tantas como pueden. Haciendo esto, piensan dar un gran testimonio del afecto que han tenido por sus parientes, a quienes también lo manifiestan mucho mientras están en vida, durante sus enfermedades y cuando mueren.

Por la costa del Saladillo, se pueden ver un gran número de loros o *papagayos*, como los llaman los españoles, y ciertos pájaros llamados *guacamayos*, que son de diversos colores y dos o tres veces más grandes que los loros. El río está lleno de una especie de peces que llaman *dorados*, muy ricos de comer, lo mismo que una clase de animal de cuatro patas y con cola larga que se parece a un lagarto y que es grande como un lucio, que no se sabe si es carne o pescado.

Desde Saladillo hasta Córdoba, se camina a lo largo de un hermoso río, que abunda en peces, y que no es ni ancho ni profundo, y que se puede cruzar a vado en diferentes lugares. En las orillas del río, se encuentran casas de poca importancia, cada tres o cuatro leguas, que son como casas de campo, habitadas por españoles, portugueses y por nativos del país, en donde tienen todas las comodidades de la vida que pueden desear y que son muy humanos y caritativos con los viajeros. Su principal riqueza consiste en caballos y en mulas, con los cuales comercian con los habitantes de Perú.

Córdoba es un pueblo asentado en una hermosa y fértil llanura, a orillas de un río más grande y más ancho que el que acabo de describir. Se compone de unas cuatrocientas casas construidas como las de Buenos Aires. El pueblo no tiene foso, ni muralla ni fuerte para su defensa. El que manda allí es el gobernador de todas las provincias de Tucumán, y aunque éste es el lugar de su residencia ordinaria, sin embargo, según le parece conveniente, suele ir a pasar algún tiempo en Santiago del Estero, en San Miguel de Tucumán (que es la capital de la provincia), en Salta o en Jujuy. En cada uno de estos pueblos hay un teniente, que tiene bajo sus órdenes un alcalde y algunos oficiales para la administración de justicia. El obispo de Tucumán también reside ordinariamente en Córdoba, donde la catedral es la única iglesia parroquial que hay en todo el pueblo. Pero hay varios conventos de frailes, como el de los dominicanos, el de los recoletos, de los mercedarios y uno de monjas. Los jesuitas tienen allí un colegio y su iglesia es la más rica y más hermosa de todas.

Los habitantes de Córdoba son ricos en oro y en plata, gracias al comercio importante de mulas, destinadas al Perú y a otros lugares. Este comercio es tan considerable, que venden casi veintiocho a treinta mil animales al año, que crían en sus haciendas. Generalmente alimentan las mulas hasta que tienen dos años, luego las venden, y sacan hasta seis patacones por cabeza. Los mercaderes que vienen a comprarlas las llevan a Santiago, Salta y a Jujuy, donde las dejan crecer y fortalecerse durante tres años, llevándolas luego al Perú, en donde las venden sin demora porque allí, como en el resto del occidente, la mayor parte del transporte se hace únicamente a lomo de mula.

La misma gente trafica también vacas, que sacan de los campos de Buenos Aires y las conducen hasta el Perú, en donde es claro que sin este medio de subsistencia les sería muy difícil vivir. Este negocio hace que este pueblo sea el más considerable de los de la provincia de Tucumán, tanto por sus riquezas y comodidades, como por el número de sus habitantes, que asciende a unas quinientas familias, además de los esclavos que son por lo menos tres veces más. Pero tanto los unos como los otros, por lo general no tienen más armas que la espada y el puñal y no son muy aguerridos, pues el aire del país y la abundancia de que gozan los hacen ociosos y cobardes.

De Córdoba tomé el camino para Santiago del Estero, que está a una distancia de noventa leguas de allí. A lo largo del camino, de cuando en cuando, es decir cada siete u ocho leguas, encontraba poblaciones aisladas de españoles y portugueses que viven muy solitarios. Están todas situadas sobre pequeños arroyuelos y algunas a las orillas de unos bosques, que son frecuentes en aquella región. Casi todas, de madera de algarrobos, cuya fruta sirve para hacer una bebida a la vez dulce y picante, y que embriaga como el vino. Las otras casas se encuentran en campo abierto, el cual es menos abundante en ganado que la región de Buenos Aires, pero sin embargo hay bastante, y por cierto más de lo necesario para la subsistencia de los habitantes, los cuales trafican con mulas, también con algodón y cochinilla que se usa para los tintes que produce la región.

Santiago del Estero es un pueblo de unas trescientas casas, sin foso ni muralla. Está situado en un campo llano rodeado de bosques de algarrobos, a orillas de un río medianamente grande, que es navegable para botes y muy abundante en peces. El aire es muy caliente y muy bochornoso, lo que convierte los habitantes del pueblo en perezosos y flojos. Todos tienen el rostro muy amarillo y son muy dados a las diversiones y poco al comercio. No hay más de trescientos hombres capaces de llevar armas sin contar los salvajes y los esclavos. Tienen un armamento insuficiente y son poco aguerridos. La mayor parte de las mujeres son bastante guapas, pero casi todas tienen una especie de hinchazón (lobanillo) en la garganta que en el idioma del país llaman *coto* y que parece ser lo que nosotros llamamos bocio.

El país es bastante abundante en ganado, caza, fieras, trigo, centeno, cebada y frutas como higos, duraznos, manzanas, peras, ciruelas, guindas, uvas y otras más. Hay muchos tigres que son muy feroces y voraces, leones muy mansos y guanacos tan grandes como caballos, de pescuezo muy largo, cabeza chica y cola muy corta. En su estómago o pequeño vientre se encuentra la piedra llamada bezoar. En este pueblo existen cuatro iglesias: la iglesia parroquial, la de los jesuitas, la de los recoletos y otra más. Aquí tiene su residencia el inquisidor general de la provincia de Tucumán, que es un sacerdote seglar, y tiene bajo sus órdenes a comisarios y diputados que él nombra en los demás pueblos de la provincia.

Después de permanecer en Santiago tres días, salí para Salta, que se encuentra a cien leguas de distancia, y dejando a San Miguel de Tucumán à mi izquierda, que es un pueblo de la misma importancia que Santiago, tomé el camino de Esteco, encontrando a mi paso algunas aldeas de españoles acá y allá y pocos salvajes. La región es llana y se compone de llanuras fértiles y de bosques de algarrobos y palmeras que producen dátiles algo más chicos que los de los países de Levante, como también muchas clases de árboles y plantas, entre otras las que producen la brea, la cochinilla y el algodón. Hay varias pequeñas lagunas en cuyos alrededores se producen cantidades de sal, que utiliza la gente de estos lugares. Permanecí un día en Esteco para adquirir algunas provisiones para el viaje. El pueblo está situado sobre un río ancho y hermoso, el cual sin embargo puede vadearse a caballo. Antiguamente, este pueblo era tan grande y de tanta importancia como Córdoba. Pero hoy está arruinado, y no permanecen en él más que treinta familias, pues las demás lo abandonaron por causa del gran número de tigres que devoraban a los niños, y a veces hasta a los hombres, cuando podían sorprenderlos. Además de esto, hay una cantidad prodigiosa de moscas venenosas, cuya picadura arde mucho, y que abundan en las inmediaciones del pueblo, cuatro o cinco leguas a la redonda, hasta tal punto que no se puede salir sin llevar máscara. Esta zona es también bastante productiva en trigo, cebada, viñas y otros árboles frutales. Abundaría también en ganado si nos los devorasen los tigres.

De Esteco a Salta hay veinticinco leguas y este trecho de tierra sería parecido a lo que acabo de describir sino fuera arenoso en algunos lugares. Cuando uno se acerca a más o menos dos leguas de Salta, se puede divisar fácilmente porque está situada en una hondonada en medio de una hermosa llanura que es fértil en trigo, viñedos y otras clases de frutas, ganado y otros cosas necesarias para la vida. Está rodeada por algunos cerros y montañas bastante altas. El pueblo está situado a orillas de un pequeño río, sobre el cual hay un puente. Tendrá unas cuatrocientas casas y cinco o seis iglesias y conventos, cuya construcción es parecida a la de aquellos que ya he descrito. No está circundada por ninguna muralla, ni fortificación ni foso, pero las guerras que han sostenido los habitantes con sus vecinos los han vuelto un poco más aguerridos y les ha enseñado a tener las armas preparadas. Son alrededor de quinientos hombres, todos armados, además de los esclavos, mulatos y negros que suman por lo menos tres veces más. Este lugar es muy concurrido por causa del gran negocio que hacen en trigo, harina, ganado, vinos, carne salada, cebo y otras mercaderías, que los lugareños comercian con los habitantes del Perú.

A doce leguas de allí se encuentra Jujuy, que es el último pueblo de Tucumán por el lado del Perú. A lo largo del camino hay muchos ranchos y estancias, más que en ninguna otra parte, aunque la región no es ni tan hermosa ni tan fértil, pues no se ven sino cerros y montañas. Este pueblo de Jujuy contiene más o menos trescientas casas. No está muy poblado de gente a causa de las continuas guerras que sostienen los habitantes, como también los de Salta, con los salvajes del Valle de Calchaquí, quienes continuamente los acosan. Lo que dio lugar a estas guerras fue lo siguiente. El gobernador de Tucumán, don Alonso de Mercado y de Villa Corta, habiendo recibido noticias de que la casa de los últimos Incas o reyes del Perú que llamaban la Casa Blanca, se hallaba en este valle, y que existía allí un gran tesoro y riquezas considerables, que guardaban los naturales como una prenda de su antigua grandeza, dio aviso de ello a Su Majestad Católica y le pidió permiso para conquistar dicho valle y sujetarlo a su gobierno, como lo había hecho ya en otros tantos lugares, lo que le fue concedido.

Para cumplir su designio pensó que le vendría bien emplear a un tal don Pedro Bohoriez, morisco, natural de Extremadura, ya que era un hombre acostumbrado a hacer tratos con los salvajes, y por lo tanto, más apto que cualquier otro para que su proyecto tuviera éxito. Pero el asunto tuvo un resultado contraproducente. En efecto, cuando Bohoriez se halló en medio de los salvajes de dicho valle, y cuando hubo ganado su confianza, en vez de cumplir con su misión, trató de colocarse a si mismo en el poder entre ellos, lo que acertó tan bien, por medio de su astucia y gracias a sus mañas, que consiguió que lo eligiesen y reconociesen por rey. Después de lo cual, se pronunció contra aquel gobernador español, y le declaró la guerra y comenzó a atacarle hacia fines de 1658, derrotándole varias veces [24]. Esto brindó la oportunidad a muchos de los pueblos salvajes que se hallaban bajo el dominio de los es-

---

24   El señor Sainte Colombe aporta las siguientes precisiones sobre este aventurero que se llama en realidad Pedro Bohórquez: «Los indios tienen mucha veneración para el nombre de sus príncipes y particularmente el del emperador Inca. Ocurrió que un soldado español que dominaba muy bien su idioma, el cual por unos disgustos, se había aliado con los del valle de Calchaquí, que tenían buenos tratos con los españoles, les persuadió que él era descendiente de un príncipe de aquella familia que había sido llevado a España en tiempos del emperador Carlos Quinto. Fue reconocido por todos y lo proclamaron rey. Juró defenderles contra el enemigo común y encabezó sus ejércitos algún tiempo, alternando éxitos y malos sucesos, hasta que se cansó de esa vida desordenada y prestó atención a las proposiciones del rey de España que le garantizó que tendría un buen trato por parte de sus ministros y así lo hizo. Pero cuando fue llamado a Lima bajo el pretexto de examinar una oferta suya a propósito de minas muy ricas que hubiera descubierto, fue apresado por la Inquisición y acusado de idolatría y está todavía encarcelado. Sin embargo, los indios que lo consideran como su rey no quieren entregar las armas y están ahora en rebelión».

pañoles que arrojaran su yugo y se juntaran a los de esos valles, los cuales, gracias a esas nuevas uniones, acrecentaron considerablemente sus fuerzas. Allí también es donde se refugian los esclavos del Perú, especialmente aquellos que trabajan en las minas, cuando logran fugarse. El refugio seguro que encuentran allí atrae a muchos de ellos, hasta el punto que los españoles no tendrían ni la mitad de la gente necesaria para trabajar las minas, si no consiguiesen de modo continuo negros del Congo, Angola y otros lugares de la costa de Guinea, por medio de varios genoveses que van allí a traerlos, vendiéndoselos a un precio concertado entre ellos por unos tratados.

Desde Jujuy hasta Potosí se cuentan cien leguas. El camino es muy trabajoso, pero no hay otro para ir del Tucumán al Perú. A dos leguas de Jujuy, empecé a internarme en las montañas, entre las cuales hay un pequeño valle muy estrecho que va hasta Humahuaca, pueblo distante de veinte leguas. Por este valle corre un río pequeño que se uno ve obligado a cruzar y a cruzar de nuevo, muy a menudo. Después de haber andado apenas cuatro leguas por este camino, se encuentran volcanes, o montañas ardientes, llenas de materias sulfurosas que de vez en cuando echan llamaradas y estallan, arrojando al valle cantidades de tierra que enlodan de tal modo el camino cuando seguidamente llueve, lo que sucede casi siempre, que a veces es preciso esperar entre cinco y seis meses, o hasta que llegue el verano, para que esté seco y que se vuelva transitable. Estos volcanes se extienden por el camino a lo largo de dos leguas y en todo este trecho no hay poblaciones ni de españoles ni de salvajes, pero más allá, hasta Humahuaca, hay muchas chozas habitadas por salvajes, quienes dependen de algunas aldeas gobernadas por sus jefes, a quienes llaman *curacas*, los cuales obedecen a un *cacique* que tiene su residencia en Humahuaca. Este es un pueblo de doscientas casas construidas de tierra y diseminadas sin orden. La tierra en estas inmediaciones no es muy buena, aunque se siembra trigo candeal y una gran cantidad de mijo, del que dichos salvajes hacen mucho uso. En cuanto a ganado, tienen poco. Suelen comer carne de vaca secada al sol que les llevan aquellos que comercian con ellos y también cabras y ovejas que se crían en la región.

La mayoría de estos salvajes son católicos y viven en conformidad con las reglas de la religión. Tienen una iglesia en Humahuaca, dotada de sacerdotes que van allí de tiempo en tiempo para celebrar los divinos misterios. Estos sacerdotes residen en Sococha, que es la residencia de don Pablo de Ovando, español nacido en este país. Es dueño y señor de esta comarca, la cual comprende no sólo todo el valle de Humahuaca, sino también una gran extensión de tierra más allá, abarcando entre sesenta y ochenta leguas de superficie, donde hay una gran cantidad de vicuñas, de cuya lana este señor saca grandes beneficios. Caza estos animales con gran facilidad por medio a sus súbditos los salvajes, que no tienen para ello más trabajo que el de hacer un gran cerco con redes, de un pie y medio de alto, al cual atan cantidad de plumas de pájaros que son movidas a un lado y a otro por el viento. Los persiguen entonces varios salvajes hasta lograr que entren dentro del cerco, como se hace en Francia usando de telas con los jabalíes. Hecho esto, algunos de los salvajes entran a caballo dentro del cerco y puesto que los animales no se atreven a aproximarse a las redes, por temor a las plumas que se mueven, aquellos con ciertas bolas atadas a sogas, los derriban y matan la cantidad que les conviene.

De Humahuaca a Mojo hay unas treinta leguas y no se encuentra nada en este trayecto sino unas pocas chozas de salvajes, porque hace tanto frío allí en el invierno que nadie se puede quedar.

El camino desde Mojo a Toropalca cruza llanuras muy agradables. Hay doscientas casas en el pueblo, habitadas por salvajes católicos. También vive allí un portugués con su familia.

Más allá de Toropalca está la región de los Chichas, que es muy montañosa y donde hay muchas minas de oro y plata y establecimientos de trabajo donde se prepara el metal. Hay veinticinco leguas de distancia desde allí hasta Potosí, donde llegué después de sesenta y tres días de camino.

Descripción de Potosí

Apenas me apeé del caballo y entré en la casa de un comerciante a quien había sido recomendado, cuando fui conducido por él a visitar al presidente de las provincias de Las Charcas, a quien estaba dirigida la carta del rey de España que yo llevaba, el cual era director principal de los negocios de Su Majestad Católica en esta provincia en la que está situada Potosí, lugar ordinario de su residencia, aunque la ciudad de la Plata es la capital. Luego que le entregué el despacho, me condujeron donde estaba el corregidor, para entregarle el que a él estaba destinado. Luego fui a la casa de los demás oficiales, para quienes también traía mandamientos. Todos me recibieron muy bien, particularmente el presidente, quien me regaló una cadena de oro en recompensa de las buenas noticias que le había llevado.

Antes de proseguir, conviene hacer una descripción de la ciudad de Potosí, como lo hice con las otras ciudades. Los españoles la llaman la *Villa Imperial*, pero nadie supo explicarme por qué razón. Está situada al pie de una montaña llamada Aranzazú, y está dividida en el medio por un arroyo que desciende de un lago, encerrado por murallas, que se halla a un cuarto de legua hacia arriba de la ciudad y que forma así una especie de estanque de agua, necesario para los establecimientos donde se elabora el metal. La parte de la ciudad, que está del otro lado del arroyo, está situada en una pequeña colina frente al cerro y es la más extensa y la más habitada, pues en la otra parte que está del lado de la montaña, apenas hay otra cosa que las fábricas donde están las máquinas y las casas de las personas que trabajan en ellas. La ciudad no tiene ni muralla, ni foso, ni fuerte para su defensa. Se calcula que hay unas cuatro mil casas bien edificadas de buena piedra y con varios pisos, a la manera de los edificios de España[25]. Las iglesias, bastante hermosas, están todas ricamente adornadas con platería, tapices y otros ornamentos, especialmente las de los monjes y monjas, que tienen varios conventos de diferentes órdenes, todos muy bien acomodados.

Esta ciudad es una de la más poblada del Perú, con españoles, mestizos, extranjeros, naturales del país que son llamados *indios* por los españoles y mulatos y negros. Se considera que hay de tres a cuatro mil españoles naturales de armas llevar, que tienen fama de ser hombres muy valientes y buenos soldados. El número de los mestizos no es mucho menor, ni son menos expertos en el manejo de las

---

25 La importancia de Potosí es confirmada por Coreal: «La ciudad puede tener alrededor de 5000 casas. Hay muchas iglesias, cantidad de sacerdotes y todavía más monjes...".(*op.cit*. p. 243)

armas, pero la mayor parte de ellos son holgazanes, pendencieros y traicioneros. Por esta razón, lo mismo ellos que los demás, visten habitualmente tres o cuatro refajos y justillos de cuero de ante, unos sobre otros, impenetrables por la punta de una espada y de este modo se resguardan contra las estocadas a traición. Los extranjeros que viven allí son pocos: hay algunos holandeses, irlandeses y genoveses y franceses, siendo la mayoría de éstos originarios de Saint-Malo, provenzales y vascos, quienes pasan por navarros y vizcaínos.

En cuanto a los indios, su número llega a casi diez mil, además de los mulatos y de los negros, pero no se les permite llevar ni espada ni arma de fuego, ni siquiera a sus *curacas* y *caciques*. Sin embargo, todos ellos pueden aspirar a cualquier grado de caballería con sus respectivos beneficios, los cuales son a menudo promovidos por sus servicios y buenas acciones. Tampoco se les permite vestirse a la española, por lo que se les obliga a llevar una vestimenta diferente, o sea con un chaleco sin mangas sobre la camisa, a la cual van sujetos sus alzacuellos y puños con encaje. Llevan calzas largas y anchas, a la moda francesa, y van con las piernas desnudas, y con un sombrero y zapatos sin medias. Los mulatos y negros, que están al servicio de los españoles, visten a la española, y se les permite llevar armas. A los indios esclavos se les concede la libertad después de diez años de servicio, y gozan de los mismos privilegios que los demás.

La policía de esta ciudad es muy eficiente, por el cuidado y vigilancia de veinticuatro magistrados, además del corregidor y del Presidente de las Charcas que administran todo a la manera de España. Es de observar que además de estos dos oficiales principales, tanto en Potosí como en cualquier otro lugar de las Indias, todos, ya sean caballeros, hidalgos, oficiales u otros, todos se dedican al comercio, y los hay que sacan tantos beneficios, que en la ciudad de Potosí existen algunos cuyas fortunas se estiman en dos, tres y hasta cuatro millones de escudos y muchísimas de dos, tres y cuatrocientos mil escudos. La gente común vive también muy a sus anchas, pero son todos muy altaneros y orgullosos, y van siempre muy bien vestidos ya sea con bordados de oro y plata, o de paño escarlata, o bien de seda, adornados con abundantes encajes de oro y plata. Sus casas están también muy ricamente amuebladas y no hay nadie que no sea servido en vajilla de plata. A las esposas, tanto de los nobles como de los ciudadanos respetables, se las tiene muy encerradas, más aún de lo que acontece en España. Ellas, nunca salen de la casa, salvo para ir a misa, o escasamente para hacer alguna visita o asistir a algún festejo público. La mayoría de las mujeres son muy aficionadas a tomar coca con desenfreno: ésta es una planta que procede de la región del Cuzco, la cual enrollada y seca, la mascan como se suele hacer con el tabaco. Esto las acalora y a veces las embriaga tanto que llegan a un estado en que uno puede hacer con ellas todo lo que desea[26]. Los hombres suelen también usar de esta coca con frecuencia y produce en ellos los mismos efectos que en las mujeres. Por lo demás, son muy moderados en el comer y en el beber, aunque tienen con abundancia todo lo necesario a la vida,

---

26   Los detalles de Coreal sobre la condición y la ocupación de las mujeres de Potosí confirman y completan las observaciones de Accarette: «Si ellas no están vigiladas por sus maridos o por alguna vieja gobernanta, tienen una conversación alegre y viva; y si los hombres se atreviesen a verlas ellos encontrarían gestos delicados, ojos apasionados y alguna que otra cosa más. No será muy difícil pasar del lenguaje de las miradas al de las manos. Pero cuando los maridos o las ancianas están en sus casas, lo que es habitual, ellas se hacen menos visibles que en México o en Madrid...».

como carne de vaca y de carnero, aves, animales de caza, frutas en su estado natural y confitadas, trigo y vinos, que aquí traen de los alrededores y algunos de largas distancias, lo que hace que estas mercaderías sean caras, hasta tal punto que para la gente humilde y de escasos recursos, les sería muy difícil vivir en este lugar, sino fuese por la gran cantidad de dinero que corre y la facilidad que tienen de ganarlo cuando están dispuestos a trabajar.

La mejor plata de todas las Indias y la más fina es la de las minas de Potosí, hallándose las principales en la montaña de Aranzazú donde, además de las prodigiosas cantidades de plata que se han extraído de las vetas en las cuales el metal aparecía a la vista y que ahora están agotadas, se encuentran cantidades casi tan grandes en lugares donde nunca se habían hecho excavaciones. Hasta se extrae también plata de alguna tierra que antes se había tirado, cuando se abrieron las minas y cuando se hicieron los pozos y los caminos transversales en las montañas, habiéndose comprobado por esto que la plata se ha formado desde aquel tiempo, lo que demuestra cuán buena es la calidad de esta tierra para la producción del metal. Pero, la verdad es que esta tierra no produce tanto como las vetas que se encuentran entre las rocas. Hay además, otra categoría de veta que llaman *pallaico*, dura como la piedra y del color de la arcilla, que se despreciaba hasta ahora, y como la experiencia lo ha demostrado que no eran tan despreciables como se suponía, puesto que se extrae de ellas la plata con tan poco costo que las ganancias que resultan de la explotación no son de poca consideración.

Además de las minas de esta montaña, hay muchísimas más en los alrededores y otras a mayor distancia que son bastante buenas, entre otras las de Lipez, de Carangas y de Porco. Pero las de Oruro, descubiertas recientemente, son las mejores.

El Rey de España no explota ninguna de estas minas por su cuenta, sino que las deja a los particulares que las descubrieron, quedando dueños de ellas después de que las haya visitado el *corregidor* quien los declara propietarios bajo las condiciones y privilegios acostumbrados. El mismo *corregidor* indica y señala la superficie del terreno dentro del cual pueden abrir la boca de la mina, sin que esto restrinja o limite el trabajo bajo tierra, pues cada cual puede seguir libremente la veta que ha descubierto, sea cual fuese su extensión o profundidad, aunque cruzase la de otro que hubiese hecho una excavación próxima a la suya.

Todo lo que el rey se reserva, además de los impuestos de los que hablaremos después, es la reglamentación general para el trabajo de las minas por medio de sus oficiales, para regular el número de salvajes que se deben emplear, para impedir los desórdenes que surgirían si se diese a cada propietario de minas la libertad para hacer trabajar cuantos salvajes quisiese. Esto daría lugar a que los más poderosos y ricos ocupasen tal cantidad de ellos que quedarían pocos o ningunos para que los otros pudiesen seguir con sus explotaciones. Ello sería contrario a los intereses del Rey que exigen que haya un número suficiente para trabajar todas las minas que se abran. Para este fin se obliga a todos los *curacas* o jefes de los salvajes a proporcionar cierta cantidad de trabajadores que ellos deben tener siempre completada. De lo contrario, se les obliga a pagar en plata el doble de la paga que hubiesen recibido los ausentes si hubiesen estado presentes. Los destinados a las minas de Potosí no pasan de dos mil doscientos a dos mil trescientos. Son conducidos y colocados en un gran cercado que está al pie de la montaña. Allí es donde el *corregidor* los distribuye todos los lunes a los conductores de las minas de acuerdo con el número que necesitan. El sábado siguiente, después de seis días de trabajo constante, el conductor los trae de vuelta al mismo lugar. El *corregidor* pasa la revista para que los dueños de las minas les paguen los sueldos que se les haya otorgado y también para saber cuántos de ellos han muerto. Así obligan los *curacas* a reemplazar la cantidad que falta, ya que no transcurre semana sin que mueran algunos, ya sea por diversos accidentes que ocurren, como los derrumbes de grandes cantidades de tierra, la caída de piedras y otros casos fortuitos y por las enfermedades. A veces los molestan mucho los vientos que se cuelan en las minas. El frío de éstos unido al de la tierra en algunas partes, los penetra de tal modo que, si no fuera por la coca que mascan, que los calienta y los emborracha, les resultarían intolerable. Otra molestia que sufren es que en algunas partes los gases sulfurosos y minerales son tan fuertes que los reseca de una manera extraordinaria, hasta el punto de impedirles respirar normalmente. En este caso, el único modo de curarse es absorbiendo la bebida que se hace con la hierba del Paraguay, la cual preparan en grandes cantidades para que puedan refrescarse y humedecerse cuando salen de las minas en las horas previstas para la comida el descanso y el sueño. Esta bebida les sirve también de medicina para hacerlos vomitar y arrojar cualquier cosa que les incomode en el estómago.

Entre estos salvajes, se eligen generalmente a los más hábiles para arrancar el mineral de entre las rocas, lo que hacen con la ayuda de barras de hierro, a las que los españoles dan el nombre de *palancas*, y con otros instrumentos también de hierro. Los otros sirven para transportar el mineral en pequeños cuévanos hasta la entrada de la mina, y otros lo meten en sacos y lo cargan sobre una especie de grandes ovejas, que llaman *carneros de la tierra*. Estos animales son más altos que los burros, y comúnmente cargan un peso de doscientas libras y sirven para llevar el mineral hasta las casas de laboreo, que se hallan situadas en la ciudad, a lo largo del arroyo que viene del lago del cual he hablado anteriormente. En estas casas, cuyo número asciende a ciento veinte, se refina el mineral de la siguiente manera:

Al principio, lo colocan sobre yunques donde lo baten y trituran con ciertos martillos grandes que un molino mantiene siempre en movimiento. Cuando está casi reducido a polvo, lo pasan por un fino tamiz y lo extienden en el suelo, formando una capa de medio pie de espesor, en un lugar cuadrado y bien liso, preparado con este propósito. Derraman entonces sobre él mucha agua, luego se esparce por medio de un cedazo cierta cantidad de azogue (proporcionada por los oficiales de la casa de moneda), y también una sustancia de hierro colado, que se consigue por medio de dos piedras de molino, una fija y otra que no para de girar. En medio de estas dos piedras ponen un yunque viejo o cualquier otro trozo de hierro macizo, el cual es gastado y consumido por la piedra que gira y, con el agua, queda reducido en una materia líquida. Preparado así el mineral, lo revuelven y lo mezclan durante quince días consecutivos del mismo modo que se hace la argamasa, echándole todos los días un poco de agua. Pasada la quincena, lo hacen pasar varias veces por una tina de madera dentro de la cual hay un molinillo cuyo movimiento separa y extrae el agua y la tierra, de manera que sólo queda la masa metálica en el fondo, la cual se pone luego al fuego en crisoles, para separar el azogue por medio de la evaporación. En cuanto a la sustancia ferruginosa, no se evapora sino que queda mezclada con la plata, de donde resulta que hay siempre en cada marco de plata (por ejemplo) como tres cuartos de onza, más o menos, que no es de ley.

La plata así refinada es llevada a la casa de la moneda donde es sometida a una prueba para saber si es de buena ley. Luego es fundida para convertirla en barras o lingotes que se pesan para deducir la quinta parte que pertenece al Rey y son sellados con su marca. El resto pertenece al comerciante, quien del mismo modo manda aplicar su marca y lo recoge de allí cuando lo desea, en barras o acuñados en reales u otras monedas. Esta quinta parte es el único provecho que el rey saca de las minas, el cual, sin embargo, se estima en varios millones. Además de esto, recibe sumas considerables de los impuestos ordinarios sobre las mercancías y mercaderías, sin contar lo que percibe del azogue, tanto del que se saca de las minas de Huancavelica, que están situadas entre Lima y Cuzco, como del que se trae de España, del cual vienen cargados dos buques todos los años, porque lo que se extrae de estas minas no es suficiente para todas las Indias.

Se usan diferentes medios para transportar hacia España toda la plata que anualmente se extrae de los alrededores de Potosí. En primer lugar la cargan sobre mulas, que la llevan hasta Arica, puerto sobre el Mar del Sur. De allí la transportan por buques pequeños hasta el Callao de Lima o de los Reyes, que es un fuerte sobre el mismo mar, a dos leguas de Lima. Allí la embarcan con todo que viene de otras partes del Perú, en dos grandes galeones, propiedad del Rey Católico, cada uno de mil toneladas y armados de cincuenta a sesenta cañones de hierro colado. Estos, por lo general, van acompañados por una cantidad de pequeños buques mercantes, también cargados de muchas riquezas, que no llevan cañones sino sólo algunos pedreros para tirar las salvas. Salen rumbo a Panamá, teniendo siempre el cuidado de enviar como ocho o diez leguas adelante una pequeña pinaza para que vaya a la descubierta. Podrían recorrer esta ruta en quince días, con la ayuda del viento del sur, que es el único que reina en este mar, sin embargo nunca dura el viaje menos de un mes, porque, con esta demora, el general de los galeones hace un buen negocio con el suministro de naipes a aquellos que desean jugar a bordo durante el viaje, ganando así considerables sumas, porque el tributo que recibe por cada baraja es de seis patacones y porque se consumen muchos naipes ya que están jugando de continuo y a bordo, casi todos participan, algunos con grandes cantidades de dinero.

Cuando los galeones atracan al puerto en Panamá en la Tierra Firme, desembarcan su cargamento y esperan tener noticias de los que vienen de España, que generalmente llegan al mismo tiempo, poco más o menos a Portobelo, que está a dieciocho leguas del mar del Norte. Mientras tanto, transportan hacia allí, una parte por tierra a lomo de mula, y otra parte por agua por el río Chagres, en botes construidos de una sola pieza de madera llamados piraguas, el oro, la plata y otras mercaderías de esta flota destinados para Europa. A los pocos días de haberse descargado todo y de la llegada de los galeones de España, se celebra una gran feria que dura quince días, en la cual se venden y se intercambian mercaderías de todas clases para cada región. Los negocios son realizados con tanta honradez que las ventas se hacen sólo con las facturas, sin abrir los fardos y sin que haya el menor fraude. Terminada la feria, cada cual se retira a su respectivo destino. Los galeones que deben volver a España van a La Habana, en la isla de Cuba, donde esperan la llegada de la flota de Veracruz en la Nueva España. Tan pronto como se han reunido, continúan juntos la ruta: pasando por el canal de Bahamas, a lo largo de la costa de Florida, van a reconocer la isla de Bermudas, donde generalmente reciben noticias del estado de los asuntos de Europa y órdenes que les indica cómo evitar malos encuentros y así continuar su viaje con seguridad.

En cuanto a los galeones del Perú, después de haber tomado un nuevo cargamento en Panamá, regresan a Lima, navegando por distintos rumbos por las contrariedades de los vientos, lo que los tiene dos o tres meses en el mar. Llegados allí, venden lo que llevan para el Perú, y el resto es llevado por los mercaderes de Chile, que dan en cambio muchos productos de su país, como cueros de cabra curtidos, a los que en su idioma llaman *cordouan*, sogas, cáñamo, brea y alquitrán, aceites, aceitunas, almendras, y sobre todo gran cantidad de oro en polvo, que se extrae de los ríos Copiapó, Coquimbo, Valdivia y otros que desembocan en el mar del Sur.

Ya que estamos hablando de los productos de Chile, es preciso decir algo de esta gran provincia o reino. En la desembocadura de los ríos de los que acabo de hablar, hay buenos puertos y ciudades, cada una de cuatrocientas a quinientas casas y están bastante pobladas. Las ciudades de más consideración sobre la costa del mar son Valdivia, Concepción, Copiapó y Coquimbo. Valdivia está fortificada y tiene una guarnición compuesta únicamente de proscritos y malhechores de las Indias. Las otras tres son ciudades de comercio. Tierra adentro, está Santiago de Chile, que es la capital de todo Chile, donde también hay una fuerte guarnición y algunas tropas regulares, puesto que hay una guerra permanente que los salvajes llamados Araucanos les libran. Más allá, en las montañas, se halla la pequeña provincia de Chicuito, cuyas principales ciudades son San Juan de la Frontera y Mendoza. En los alrededores de estos pueblos, crece mucho trigo y hay viñedos en abundancia que abastecen de vino a Chile y a la provincia de Tucumán y hasta Buenos Aires.

Tres semanas después de mi llegada a Potosí hubo allí grandes festejos, con motivo del nacimiento del príncipe de España que duraron quince días, durante los cuales cesó todo trabajo en la ciudad, en las minas y en todos los alrededores, y todos, grandes y pequeños, ya fuesen españoles, extranjeros, indios o salvajes, su único cuidado fue hacer algo fuera de lo común para la fiesta. Empezó con una cabalgata que hicieron el *corregidor*, los veinticuatro magistrados de la ciudad, los demás oficiales reales, los principales entre la nobleza, los caballeros y los mercaderes más eminentes, por la ciudad, magníficamente vestidos. El resto del pueblo y especialmente las damas, ocupaban las ventanas arrojándoles al pasar grandes cantidades de aguas perfumadas y dulces secos en abundancia. Los días siguientes se llevaron a cabo varias diversiones de aquellas que llaman *juegos de toros* y *juegos de cañas*, mascaradas de diversas clases, comedias, *ballets*, músicas, cantos y otros entretenimientos, organizados un día por los hidalgos, el otro por los ciudadanos, sea por los plateros, sea por los que llaman *mineros*, también por gente de diversas naciones y otras por los indios. Todo esto se realizaba con gran magnificencia y con gastos extraordinarios.

Los regocijos de los indios merecen especial mención, porque además de ir ricamente vestidos y de diferentes maneras, y por cierto bastante curiosas, con sus arcos y flechas, ellos habían plantado, en una noche y parte de la mañana siguiente, en la plaza principal de la ciudad, un jardín en forma de laberinto, cuyos arriates estaban adornados con fuentes que arrojaban agua, con une gran variedad de árboles y flores, llenos de pájaros y de toda clase de fieras como leones, tigres y otras especies. Y en medio de todo esto, hicieron muchos festejos alegres con demostraciones y ceremonias extraordinarias.

Las diversiones del penúltimo día sobrepasaron a las demás. Se organizó una carrera del aro a expensas de la ciudad, con máquinas muy sorprendentes. Apareció primero un buque arrastrado por salvajes, de un tamaño y peso de alrededor cien toneladas, con sus cañones, su tripulación vestida con elegancia, sus anclas, sus aparejos y velas infladas por el viento, que afortunadamente soplaba en la dirección de la calle por la cual lo arrastraban a la plaza mayor. Tan pronto como llegó allí, saludó a la población con una fuerte descarga de su cañón. Al mismo tiempo, un señor español con el disfraz de un emperador de Oriente que venía a dar los parabienes por el nacimiento del príncipe, bajó del buque con gran ligereza, Venía acompañado de seis hidalgos que conducían sus caballos en los que luego montaron y se dirigieron a saludar al presidente de Las Charcas. Mientras ellos le presentaban sus cumplimientos, sus caballos se arrodillaron y permanecieron en esa postura, pues se les había enseñado esta figura. Fueron después a saludar al *corregidor* y a los jueces de quienes habían obtenido permiso para competir en la carrera del aro contra los campeones [27]. Se portaron con bizarría, por lo que recibieron muy bellos premios de manos de las damas que los distribuían. Terminada la carrera de

---

27 Juego de destreza consistente en hacer pasar una espada o una lanza dentro de círculo previsto a tal efecto.

aros, el buque y muchísimas otras barcas que habían sido traídas hasta allí, avanzaron para atacar un gran castillo artificial, donde se simulaba que estaba encerrado el Protector Cromwell, quien, en aquel entonces, estaba en guerra con el Rey Católico[28]. Después de un combate bastante largo con fuegos artificiales, el buque, las barcas y el castillo se incendiaron, y se consumió todo. Después de esto, fueron distribuidas y arrojadas al pueblo, en nombre del Rey Católico, una cantidad de monedas de oro y de plata, y hubo algunos particulares que tuvieron la prodigalidad de arrojar también a la muchedumbre hasta dos o tres mil escudos de plata.

Al día siguiente terminaron estas fiestas con una procesión que se hizo desde la iglesia mayor hasta la de los Recoletos, donde llevaron el Santo Sacramento, acompañado de todo el clero y de todo el pueblo y puesto que se había desempedrado el camino que conducía de una iglesia a la otra para las fiestas ya mencionadas, lo volvieron a pavimentar con barras de plata, de manera que todo el camino que se recorrió estaba así cubierto. El altar de la iglesia de los Recoletos que servía de estación en la procesión, estaba tan adornado con imágenes, floreros, placas de oro y plata incrustadas de perlas, diamantes y otras piedras preciosas, que no creo que se pueda contemplar jamás cosa con tanta riqueza. Y eso, porque los ciudadanos habían llevado allí sus joyas más valiosas. Los gastos extraordinarios hechos en estos festejos se calcularon en más de quinientos mil escudos.

---

28 En aquella época ingleses y franceses combatían a los españoles, en particular en Flandes. La campaña militar fue marcada por la victoria de Turenne en Les Dunes en 1658.

El regreso

Finalizados los festejos, el resto del tiempo que permanecí en Potosí lo dediqué a terminar el negocio de las mercaderías cuyos inventarios llevaba conmigo. Me comprometí a hacer entrega de dichas mercaderías en Jujuy dentro de un plazo señalado, y a pagar los gastos de transporte hasta allá. Recibí la mayor parte de los pagos en patacones, en vajilla de plata, en barras y en piñas de plata, que es plata virgen, y lo que sobraba en lana de vicuña. Concluidos por completo los negocios para los cuales fui enviado a Potosí, salí del lugar para volver a Buenos Aires por el mismo camino por el que había venido.

Hice cargar todos mis fardos sobre mulas, siendo éste el modo de transporte más generalizado para pasar las montañas que separan el Perú de Tucumán. Pero cuando llegué a Jujuy, consideré más conveniente seguir el camino de las carretas, que resulta mucho más cómodo y de este modo continué mi viaje. Después de una caminata de cuatro meses, llegué sin estorbos al río Luján, que está a cinco leguas de Buenos Aires, donde me reuní con Ignacio Maleo, que había venido a mi encuentro. Se había adelantado por el río en un bote pequeño, del cual resolvimos hacer uso para transportar en secreto hasta nuestro buque la mayor parte de la plata que llevaba conmigo. Consideramos que era preciso actuar de esta forma para evitar el riesgo de confiscación que hubiera sido probable si hubiéramos llevado nuestro buque cerca de Buenos Aires, por estar prohibido el transporte del oro y de la plata, aunque esta prohibición no se observa de manera muy estricta, pues los gobernadores dejan a veces salir parte de esta carga a escondidas, sea haciendo la vista gorda a cambio de algún obsequio, sea porque no vigilan de un modo sistemático [29].

No debo omitir aquí de mencionar la razón por la cual los españoles no permiten el transporte y la salida de la plata del Perú y de las demás provincias por el Río de la Plata, ni que vayan allí buques a comerciar sin licencia, y es porque si permitiesen el comercio libre por ese parte, donde la región es hermosa y abundante en toda clase de productos, la tierra fértil, el aire muy sano y los transportes cómodos, los mercaderes que comercian en el Perú, Chile y Tucumán, pronto abandonarían la ruta de los galeones y la vía marítima ordinaria por los mares del Norte y del Sur y por Tierra Firme que es dificultosa e incó-

---

[29] Hasta 1661 los barcos provistos de una licencia real no podían exportar la plata desde Buenos Aires, a excepción de la que les fuera necesaria para pagar los impuestos españoles y sus gastos de equipaje. Después de aquella fecha no podían exportar en plata más que el 50 % del valor de los productos que ellos habían declarado en Europa.

moda, para tomar el camino de Buenos Aires. Resultaría de eso, infaliblemente, que serían abandonadas la mayor parte de la ciudades del continente donde el aire es malsano y donde no se tiene en tanta abundancia las cosas necesarias a la vida.

Cuando nuestra plata estuvo a buen recaudo gracias a la precaución que habíamos tomado, fuimos a Buenos Aires con el resto de nuestras mercancías. No bien habíamos llegado, cuando resolvimos regresar a España. Pero, para que no se encontrara nada que diera lugar a confiscación durante la pesquisa habitual de los oficiales reales en nuestro buque, antes de salir del puerto, consideramos que era conveniente embarcar primero las mercaderías de más volumen, como la lana de vicuña, los cueros de diversas clases, entre los cuales dieciséis mil cueros de toro, con muchísimos otros bultos y cofres que pertenecían a los pasajeros que debían regresar con nosotros, y alrededor de treinta mil escudos en plata, que es la cantidad máxima que se permite sacar del país, en previsión de los gastos que pueden surgir durante el viaje y para pagar la tripulación. Pero, terminada la pesquisa, acabamos de embarcar la plata que habíamos escondido, la cual, con el resto del cargamento, podía alcanzar el valor de tres millones de libras.

Partimos de Buenos Aires en el mes de mayo de 1659, en compañía de un buque holandés capitaneado por Isaac de Brac, que iba también ricamente cargado. Solicitó nuestro acuerdo para que siguiésemos la ruta juntos, porque su barco hacía agua y como este defecto aumentó durante el viaje, nos vimos obligados a hacer escala en la isla de Fernando de Noronha, a tres grados y medio al sur de la línea equinoccial. Resultó bueno, tanto para nosotros como para los holandeses, el habernos detenido allí, pues cuando quisimos proveernos de más agua fresca, por precaución, nos dimos cuenta de que la mayor parte de la que habíamos tomado en Buenos Aires se había gastado y de cien toneles que creíamos tener, sólo nos quedaban treinta. Por lo cual, aunque el agua que encontramos allí era muy insípida y además de mala cualidad, pues provocaba diarrea a todos aquellos que la bebían por primera vez, tuvimos, a pesar de todo, que llenar nuestros toneles. Los hombres encargados de ir a buscar esta agua de los peñascos de donde manaba, sufrieron un accidente bastante desagradable. Ellos se habían quitado la ropa e iban casi desnudos para trabajar más cómodamente, pues la fuerza de los rayos del sol les quemó tan intensamente la piel que les puso el cuerpo totalmente colorado, y luego les provocó grandes bubas y pústulas en las partes donde los había alcanzado con mayor intensidad, lo que les ocasionó grandes molestias y sufrimientos durante quince días.

Bajé a tierra para visitar la isla que tiene poco más o menos una legua y media de circunferencia y está deshabitada. Uno de nuestros pilotos me refirió que los holandeses las habían ocupado cuando fueron dueños de Pernambuco en el Brasil y que tenían un pequeño fuerte del cual se veían todavía algunos vestigios, que sembraban y cosechaban mijo y habas y que criaban muchas aves de corral, cabras y cerdos.

Vimos una gran cantidad de aves, algunas comestibles. Permanecimos allí cuatro días, pero cuando vimos que los holandeses tardarían bastante para estar en condiciones de continuar el viaje, pues tuvieron que descargar su mercadería y tumbar el buque de un lado para calafatearlo, izamos las velas. Después de un viaje bastante perturbado por los temporales que tuvimos que aguantar, que a veces nos arrojaban hacia las costas de Florida y algunas veces sobre otras, divisamos por fin las de España. En lugar de ir a Cádiz, pues temíamos encontrarnos con los ingleses que todavía estaban en guerra con los españoles, nos pareció conveniente hacer rumbo hacia Santander, donde llegamos sin contratiempos a mediados de agosto.

Nos enteramos en seguida de que los galeones españoles en su viaje de México se habían amarrado en el mismo puerto, por la misma razón que a nosotros nos conducía allí, y que habían salido sólo dos días antes de nuestra llegada. Y puesto que estaban aún allí los oficiales reales que habían sido enviados para los galeones, tomamos la decisión de tratar con ellos, tanto para evitar la multa que hubiéramos incurrido por no haber vuelto al punto de donde salimos, cuanto para que no nos revisasen, pues mediante cuatro mil patacones que les entregamos, fuimos exentos y libres de todo registro. Por consiguiente, desembarcamos allí nuestra plata y demás mercaderías, de las cuales enviamos después algunas a Bilbao y otras a San Sebastián, donde en poco tiempo fueron despachadas y repartidas a diversos mercaderes quienes las llevaron a distintos lugares para venderlas.

Cuando terminamos la venta de todas nuestras mercaderías, se hizo una cuenta exacta entre todos los que tenían intereses en el buque, tanto de los gastos como de las ganancias de este viaje. Diré, sin perder tiempo en pormenores y para dar una idea general, que en cuanto a los gastos

> 250.000 escudos fueron abonados y empleados en la compra de las mercancías con las cuales fue cargado nuestro buque en Cádiz y fueron destinados a pagar los derechos de exportación desde España,
> 74 mil libras por el flete del buque durante diecinueve meses a razón de 3.900 libras mensuales,
> 43.300 libras para el pago de 76 marineros grandes y chicos, durante el mismo tiempo, a razón de 10 escudos mensuales, para algunos más, para otros menos,
> 30.000 escudos para las vituallas del buque en el mismo período, tanto para la tripulación como para los pasajeros. Habíamos hecho bastantes provisiones, porque en esos largos viajes, más allá de la línea del ecuador, hay que alimentar bien la tripulación con abundancia de dulces, licores y otros manjares deleitosos para los pasajeros,
> 2.000 escudos para pagar los derechos de entrada en Buenos Aires y para los regalos a los oficiales del puerto y 1.000 escudos para pagar los derechos de aduana a nuestra salida,
> a los que hay que añadir los gastos, derechos y alqui-

leres para el transporte de nuestras mercaderías desde Buenos Aires hasta Potosí, y de Potosí hasta Buenos Aires, a razón de 20 escudos por quintal o centena, y además, 4 mil escudos por quedar exentos de pesquisa y registro a nuestro regreso a España.

En fin, algunos otros gastos, tanto para pagar los derechos de entrada de las mercaderías a España como por otras cosas no previstas, las cuales no llegaban a grandes sumas. Estos fueron más o menos los gastos principales. Una vez pagados y deducidos, quedó una ganancia de 250 mil escudos, incluyendo los beneficios que habíamos hecho con los cueros, cuyo precio de venta alcanzó quince francos cada uno, que es precio normal, aunque no costaron sino un escudo en la primera compra. Se incluye también lo que se ganó con los pasajeros que llevábamos a bordo y que eran más de cincuenta, tanto a la ida como a la vuelta, lo que representaba una ganancia bastante considerable, ya que un hombre que no llevaba más que un baúl pagaba 800 escudos, y lo demás proporcionalmente por su pasaje y alimentación[30].

Nos informaron en Santander que los buques holandeses que habíamos visto en Buenos Aires, habían llegado sin contratiempos a Ámsterdam, pero que el embajador de España se enteró de que venían del Río de la Plata y que habían traído una inmensa cantidad de plata y de mercaderías, tanto por cuenta de algunos comerciantes holandeses, como también de varios españoles que se habían aprovechado del regreso de estos buques para volver a Europa,

---

30   El total de los gastos y de los cargos ha sido 325.500 escudos y la ganancia neta de 250.000 escudos, el primer viaje ha dado a Accarette una buena ganancia de 77 %. Se comprende así su prisa de regresar a Buenos Aires.

y habían remitido su dinero desde Ámsterdam a Cádiz y a Sevilla por letras de cambio, o por mercaderías que allí enviaban desde Holanda, entonces informó de eso el Consejo de Indias en Madrid. El Consejo juzgó que esta plata y estas mercaderías tenían que ser confiscadas, ya que a todos los españoles le está prohibido negociar en buques extranjeros, como también transportar plata a todo otro lugar que no sea España. Por consiguiente, el Consejo hizo detener y confiscar la mayor parte de la mercadería, salvándose el resto por las precauciones que tomaron algunos comerciantes que no se apresuraron tanto como los otros. El mismo embajador demostró así, en esta ocasión, cuales serían las consecuencias de seguir tolerando este comercio de los extranjeros en el Río de la Plata, si no se hacía nada para detenerlo. El Consejo prestó atención a sus advertencias, mandó de inmediato equipar un buque en San Sebastián, lo hizo cargar con armas y con hombres para enviarlo a Buenos Aires, con órdenes rigurosas tanto para detener al gobernador que había permitido que estos buques holandeses entraran y comerciaran en el país, cuanto para que establecieran un informe exacto acerca de los tratos habituales y de las complicidades que los holandeses tenían allí. También debían remediar la situación, fortificando las guarniciones y armándolas mejor de lo que se había hecho anteriormente, a fin de que en el futuro estuviesen en condiciones de resistir a los extranjeros e impedir su desembarque y comunicación con el país.

Poco después de nuestra llegada, el capitán de nuestro buque, Ignacio Maleo, recibió una orden de la corte de España para que fuese a Madrid para informar al Consejo de Indias del estado en que había hallado y dejado las cosas en Buenos Aires. Quiso que yo le acompañase en ese viaje y así lo hice. En cuanto llegamos a Madrid, entregó los informes, no sólo de todo lo que había observado en el Río de la Plata, sino también sobre los medios que podrían poner en práctica para desanimar a los extranjeros que tuviesen intenciones de comerciar allí. En primer lugar, se podrían mantener dos buques de guerra en la boca del río listos para pelear e impedir el paso a los buques mercantes que quisiesen llegar hasta Buenos Aires. Propuso, en segundo lugar, que se enviaran cada año dos buques cargados de todo cuanto los habitantes de aquella región necesitara; de ese modo, estando suficientemente abastecidos, ya no pensarían en favorecer la entrada y el desembarco de los extranjeros que allí podrían llegar.

Propuso además que se cambiara la ruta acostumbrada para las mercaderías transportadas en galeones hasta al Perú y hacerlo por la vía del Río de la Plata. Pues, aseguró que desde allí el acarreo por tierra se haría con más comodidad, que resultaría más barato y con menos riesgo que por la vía acostumbrada. Pero de todas estas propuestas, el Consejo de España sólo aprobó la de enviar a Buenos Aires dos barcos cargados de mercaderías adecuadas a la región. Maleo obtuvo una licencia y consiguió que fuera él mismo el encargado de la comisión. Con esta garantía, volvimos a Guipúzcoa para hacer los preparativos de viaje y ordenar nuestros negocios, lo que hicimos con tanta diligencia que en breve tiempo tuvimos un buque listo para hacerse a la vela, el cual, por orden de Maleo, fue comprado en Ámsterdam y conducido al puerto de Pasajes [31], cargado en parte con mercaderías de Holanda y otras que se habían conseguido en Bayona, San Sebastián y Bilbao. Fueron compras aceleradas y a nuestro riesgo. Yo fui el encargado de estas compras y así me comprometí, usando la procuración de Maleo.

---

31 El puerto Le Passage, o Pasajes de San Juan, es un pequeño puerto vasco situado muy cerca de la frontera francesa.

El segundo viaje

Durante los preparativos y mientras esperábamos el despacho de la licencia que había sido concedida por el Consejo de España, sucedió que el Barón de Watteville, que tenía prisa por pasar a Inglaterra en calidad de embajador del Rey Católico, tenía órdenes de hacer uso del primer buque que estuviese listo para zarpar. Escogió entonces el de Maleo, aunque le sirvió solamente para transportar su equipaje, pues el rey de Gran Bretaña le envió una fragata en la cual cruzó el mar.

Durante la estancia obligada de Maleo en Inglaterra, adquirió nuevas provisiones para su viaje a las Indias. En vista de que no se le enviaba la licencia, encontró un expediente, consiguiendo que el barón de Wateville, en su calidad de capitán general de la provincia de Guipúzcoa, le concediese un encargo a mi nombre y al de Pascal Hiriarte, comandante de su buque, para ir en persecución de los portugueses, en la costa de Brasil, y esto nos serviría de pretexto para llegar al Río de la Plata[32].

Con esta licencia en nuestras manos, embarcamos e hicimos escala en Le Havre-de-Grâce para dejar a Maleo, que creyó conveniente volver a Madrid para solicitar la licencia del Consejo de Indias para dos buques más, con los cuales convinimos que vendría a reunirse con nosotros en Buenos Aires. Continuamos nuestra navegación y después de varios vientos contratiempos, llegamos al Río de la Plata. Al entrar, encontramos dos buques holandeses que venían de Buenos Aires, cuyos capitanes nos informaron que uno de ellos no consiguió de ninguna manera el permiso para comerciar allí, pero que el otro que había llegado antes que él, había aprovechada una coyuntura especial, puesto que el gobierno se veía obligado a mandar rápidamente un mensaje importante al Rey de España, relacionado con el servicio, y así tuvo la suerte, mediante la promesa de encargarse del correo hacia España, de encontrar los medios de comerciar sus mercaderías y de traer de vuelta un rico cargamento. Y era la pura verdad, pues había tenido la prudencia, antes de llegar al puerto, de desembarcar sus más ricas mercaderías y dejarlas en una isla más abajo, quedándose con aquellas de mayor volumen que expuso a la inspección, con una factura falsa que un figuraba en la general y con los precios del lugar, consiguiendo así que el valor de su cargamento ascendiera a 270 mil escudos. Llegó a un acuerdo con el gobernador, conviniendo que en cuanto a las mercaderías restantes, se las

---

32 Con una doble ventaja: ninguna necesidad de licencia real y la posibilidad de cargar directamente los productos industriales de Francia y de Inglaterra apreciados en Buenos Aires, hierros y tejidos esencialmente.

entregaría a cambio de veintidós mil cueros a un escudo cada uno, doce mil libras de lana de vicuña a cuatro libras diez soles la libra, y treinta mil escudos en plata para pagar a su tripulación. Todo se hizo según el convenio. Pero bajo el pretexto de este trato, y mientras se cargaban los cueros en el buque, el capitán había vendido a escondidas sus más ricas mercancías y por cien mil escudos que éstas valían, había ganado cuatrocientos mil escudos por lo menos. De este modo, tanto el capitán como el gobernador hicieron un gran negocio, pero este gobernador, que se llamaba don Alonso de Mercado y de Villacorta, que era un hombre desinteresado y nada apegado al dinero, declaró que dichas ganancias eran para el Rey, su señor, y efectivamente le informó de ello por el mismo correo.

Después de separarnos de estos buques, fuimos a anclar frente a Buenos Aires, pero a pesar de las instancias y de las ofertas que hicimos a este gobernador, a nuestra llegada y desde entonces, no quiso nunca otorgarnos el permiso para desembarcar nuestras mercaderías, ni tampoco de hacer ninguna venta a la gente del lugar, porque no teníamos la licencia de España. Sólo consintió en que fuésemos de vez en cuando a la ciudad, para buscar todo lo necesario para nuestra subsistencia y vituallas para nuestra tripulación. Nos trató con este rigor durante once meses, al cabo de los cuales se presentó una ocasión que le obligó a tratarnos mejor y a entrar en una especie de arreglo con nosotros. Se encontraba en el puerto otro buque español, el mismo que un año antes de nuestra llegada había traído tropas y armas desde España para reforzar las guarniciones de Buenos Aires y de Chile, asunto que comenté anteriormente. Este buque había permanecido allí todo este tiempo por sus negocios particulares, pero el capitán que lo mandaba no supo realizar tan sigilosamente los suyos que no llegase a oídos del gobernador que dicho capitán se proponía, a pesar de la prohibición que existía, embarcar una gran cantidad de plata. Efectivamente, el gobernador descubrió de una suma de ciento catorce mil escudos que estaba a punto de ser embarcada. Puesto que el capitán no podía dar ninguna explicación y temiendo un mayor disgusto y sobre todo que él mismo fuera detenido, se hizo a la mar para volver a España, sin esperar las cartas para el Rey Católico que el gobernador se proponía confiarle, con los informes que hizo redactar de las complicidades y de los tratos que los holandeses tenían en esta región. El gobernador deseaba enviar estas cartas sin más demora a España, junto con algunos presos, culpables de esta complicidad con los holandeses, entre los cuales se hallaba un capitán holandés llamado Alberto Jansen. Por lo tanto, la fuga de este buque español obligó al gobernador a cambiar de conducta con nosotros. Eso facilitó el regreso de nuestro buque, del cual consideró conveniente servirse a falta de otro, para llevar a España sus informes y sus prisioneros. Entonces, nos permitió que hiciéramos nuestro negocio y que embarcáramos cuatro mil cueros, aunque tácitamente con la condición de que nos encargaríamos de esta misión.

Puesto que nosotros estábamos muy acostumbrados a tratar con los comerciantes del lugar, nos arreglamos tan bien en nuestros negocios que, amparados por este permiso, vendimos todos nuestras mercaderías y llevamos de vuelta un rico cargamento en plata, cueros y otras mercancías. Después, sin perder más tiempo, tomamos el rumbo a España.

A nuestra llegada a la ría de la Coruña, en Galicia, nos enteramos por unas cartas que Maleo nos había enviado a casi todos los puertos, que había orden del Rey Católico para detenernos a nuestro regreso, por haber ido a Buenos Aires sin licencia. Por lo cual resolvimos salir de aquella ría y pasar a diez leguas de ahí a la rada de Barias, después de haber enviado al Gobernador de la Coruña, por el intermedio del Sargento Mayor de Buenos Aires que había venido en nuestro buque por los asuntos de aquel país, los informes y los prisioneros. Allí encontré un barco pequeño, en el cual embarqué la mayor parte de lo que llevaba por mi cuenta y para la de mis amigos. El gobernador de la Coruña teniendo noticias de esto, envió tras de mi una chalupa[33] para detenerme, pero yo usé de tanta diligencia y de tanta habilidad que la chalupa nunca pudo alcanzarme. De este modo, llegué sin percance a Francia al puerto de Socoa, donde puse a buen recaudo el fruto de nuestros trabajos y de tan largo viaje.

El buque grande que dejé en la rada de Barias no tuvo tan buena suerte. En efecto, puede decirse que naufragó en el puerto, ya que habiendo salido de la rada de Barias para llegar rápidamente a la de Santurce, para poner a salvo todas las mercaderías que llevaba a bordo, que eran más

---

33   Pequeño barco de fondo plano que hacía el cabotaje.

que los cuatro mil cueros que estaban registrados, y habiendo empezado a transbordar seis mil cueros a un buque holandés que allí encontró, el mal tiempo le obligó a hacer escala en el puerto de Pasajes donde toda la carga fue confiscada en provecho del Rey de España, bajo el pretexto antes mencionado de no haber tenido permiso de Su Majestad Católica para hacer ese viaje.

Mientras esto sucedía, el sargento Mayor de Buenos Aires llegó a Madrid. Por orden del Rey Católico fueron examinados los despachos y los informes que le había traído, los cuales se referían principalmente a la necesidad que se enviaran nuevos refuerzos de hombres y municiones para aumentar las guarniciones de Buenos Aires y de Chile, para una mayor seguridad el país contra las empresas de los extranjeros e incluso de los salvajes de Chile. Después de este examen, ordenó que fueran inmediatamente equipados tres buques con este objeto, dando el mando de ellos a Maleo. Se embarcaron en ellos abundantes municiones, pero en cuanto a la ayuda militar, sólo se enviaron trescientos soldados, la mayor parte de los cuales fueron enviados a Chile. En el mismo buque, se embarcaron jurisconsultos y letrados para establecer un tribunal de justicia, que llaman audiencia, en Buenos Aires, donde sólo había anteriormente algunos oficiales que juzgaban asuntos corrientes, pues los importantes se remitían a la audiencia establecida en Chuquisaca, también llamada La Plata, en la provincia de Las Charcas, a quinientas leguas de Buenos Aires.

Cuando Maleo hubo regresado de este viaje, vino a Oyarzún en la provincia de Guipúzcoa, su país natal, desde donde me mandó noticias. Nos acordamos para tener una entrevista secreta en la frontera. Nos encontramos y nos dimos mutuamente las cuentas de nuestros negocios, y resultó que él me debía sesenta mil libras, las que todavía no me ha pagado.

Propuesta del señor de Accarette para la conquista de Buenos Aires en el Río de la Plata en la América meridional

Puesto que el señor de Accarette ha hecho una descripción bastante detallada de la situación, del plano y de las fuerzas militares de la ciudad de Buenos Aires en el relato que ha dado de sus viajes hacia el Río de la Plata y en el Perú, él no estimó necesario añadir nada a este respecto. Tampoco ha considerado necesario insistir exageradamente sobre la importancia de ese lugar, sobre lo fácil que es de conquistar y sobre las ventajas que se podrían sacar de ello, por ser una región notable para el comercio y que se puede considerar como una de las llaves que puede servir para darse paso y para entrar en las principales provincias de la América ocupada por los españoles, pues está persuadido de que cualquiera será fácilmente convencido si hace un mínimo esfuerzo de reflexión, después de leer las observaciones apuntadas en el relato.

Por lo tanto, se ha limitado en este informe a proponer los medios que les parecen suficientes para acertar en la empresa que propone, por más ambiciosa que pueda parecer.

Para realizar fácilmente este proyecto y para que se pueda tomar por sorpresa la plaza y las regiones circunvecinas y someterlas al dominio del Rey sin temor a ser expulsado por los españoles, se necesitaría por lo menos tres mil hombres escogidos, o sea en parte soldados que hayan servido en la caballería, puesto que la expedición no se puede llevar a cabo sino a caballo (por las grandes distancias entre los lugares) y en parte artesanos como albañiles, carpinteros, ebanistas, cerrajeros, talabarteros, zapateros, curtidores, sombrereros, sastres, herreros, carreteros, labradores y otros y que todos hayan también utilizado armas anteriormente, para que puedan servir en los comienzos de la conquista de la región y luego para defenderla si se presentara la ocasión.

Serían necesarios por lo menos diez buques para transportar convenientemente toda esta milicia, puesto que en aquellos viajes que van más allá de la línea equinoccial, hay que poner especial atención en no acumular demasiada gente en un buque por las enfermedades que suelen aparecer. Entre estos diez buques, cuatro tendrían que ser guerra, uno grande de sesenta cañones y tres más pequeños de treinta a cuarenta cañones. Los otros seis buques de carga, pinazas o urcas de quinientas o seiscientas toneladas, podrían llevar trescientos hombres sin contar la tripulación. Además de las dos barcas o esquifes que suele tener cada navío, convendría que transportaran en total veintiocho o treinta grandes chalupas o barcas largas, capaces de llevar de cincuenta a sesenta personas para transportar a la gente en el Río de la Plata y para poder desembarcar. Y para que no resulte molesto durante la travesía, se podría cargar en cada buque tres o cuatro de ellas desmontadas y en haces que se podrían ensamblar en pocos días en algún lugar apropiado a la entrada del río. En cuanto a las vituallas, se necesitarían en abundancia por lo menos para diez meses, porque en esos viajes tan largos se debe tratar bien a las personas para conservarlas en buena salud, y hay que considerar que se tarda ordinariamente cuatro meses de ida y cuatro meses de vuelta y que además será necesario permanecer, no sólo a la entrada del río para preparar el proyecto, sino también en el puerto, hasta que esté terminada su ejecución. Convendría tener aún más de las que se podrían consumir durante todo ese tiempo, y así conservar una parte para casos imprevistos. De igual manera, los que estarán encargados de la preparación del armamento de los navíos tendrán que prever una gran cantidad de sillas y riendas para la imprescindible caballería. También harán falta otras mercaderías de las que se podrá dar una lista, en particular de aquellas que se necesitarán en esas regiones, para venderlas o distribuirlas a los lugareños y a los negros para granjear su simpatía en este primer asentamiento.

Puesto que es sumamente importante que este proyecto se mantenga secreto, aún entre los participantes, será necesario tener mucho cuidado de no revelarles nada antes de llegar en aquel lugar. Con el mismo cuidado y por la misma razón se deberán armar esos diez buques en puertos distintos y que salgan a la mar separadamente y bajo pretextos diferentes, citándoles en un lugar determinado, como por ejemplo en las islas del Cabo Verde, de donde (luego de haberse reunido) será conveniente que sigan la ruta juntos hasta la isla de los Lobos, en la desembocadura del Río de la Plata, del lado norte, más arriba de la isla de Castillos.

Puesto que entre esa isla de los Lobos y la tierra firme, existe una especie de canal donde pueden estar juntos cuarenta o cincuenta buques, los del Rey irán primero ponerse a salvo, sea para esperar los de su escuadra que se hubieran separado, sea para permitir a los soldados que respiren el aire de tierra firme, los cuales, de este modo, se repondrían de los trabajos y del cansancio del mar.

Después de refrescarse algún tanto, avanzarán hasta Montevideo donde hay una bahía en la que podrán descansar y permanecer algún tiempo para juntar y armar allí las dobles chalupas que se habrán llevado por piezas.

Una vez armadas las chalupas, se embarcarán los tres mil hombres sobre las seis pinazas o urcas y permanecerán allí los cuatro buques de guerra en alerta para intervenir en casos imprevistos en el río, hasta que reciban órdenes de reunirse con los otros, los cuales, mientras tanto navegarán río arriba con las dobles chalupas, siguiendo la costa norte hasta las islas de San Gabriel. Después de haber anclado allí, recibirán los órdenes para el desembarco y para ejecutar el resto de lo proyectado. Para llevar a cabo dicho proyecto con más seguridad, será conveniente usar de cierta astucia que consistirá en repartir mil hombres en dos buques y enviarlos directamente a Buenos Aires. Llegados allí, sin dar a conocer la cantidad de gente que habrá a bordo, se enviará una chalupa a tierra con algunas personas sagaces que persuadirán que se trata de dos buques con rumbo a Oriente que fueron dañados por las tempestades y que tuvieron la obligación de hacer escala en el río para abastecerse de nuevo con agua y víveres. Al realizarse con acierto esta artimaña, se conseguirán dos objetivos : el primero, es que así se borrarán las sospechas que se podrían despertar entre los salvajes de la zona sur, las cuales podrían comunicar a los otros la noticia de la llegada de esos buques, en caso de haberse sido vistos cuando navegaban río arriba, y el segundo es que de ese modo se mantendrá en este lugar gente lista para ayudar y reforzar lo que se ejecutará en tierra firme.

Conjuntamente al envío de esos dos buques hacia Buenos Aires, los otros dos mil hombres bajarán de las cuatro pinazas que permanecerán ancladas, y serán repartidos en las chalupas, las que sólo saldrán al anochecer para dirigirse a cuatro leguas de allí, o sea en la isla de Martín García, navegando siempre a lo largo de la costa norte. Permanecerán en dicha isla un día entero y a la noche siguiente, avanzarán hacia Buenos Aires que sólo se halla a tres leguas y media de distancia. Así llegarán antes del amanecer a media legua del pueblo a un lugar donde se puede fácilmente saltar a tierra. Acabado el desembarque, se enviarán todas las chalupas a los dos buques que habrán ido hacia el puerto para facilitar el desembarque de sus hombres, lo cual se podrá hacer en la entrada del pequeño río de Riachuelo.

Mientras tanto, las otras tropas, alineadas para la batalla, avanzarán hacia el pueblo, una parte lo rodeará para que no se pueda escapar ningún habitante, evitando así que algunos vayan a alertar al campo, la otra parte penetrará por tres diferentes lugares. De ese modo, se apoderarán del pueblo, como de todos sus habitantes, los cuales tendrán que ser desarmados en seguida.

Tan pronto como los mil hombres de los dos buques estén a tierra, si el fuerte no se rinde primero, será atacado, trepando a los muros o por las vías ordinarias, con los cañones de los buques o también será posible provocar una hambruna entre los habitantes que no suelen acumular las provisiones en grandes cantidades. Una vez tomado el fuerte, sea por un acuerdo o sea por la fuerza y cuando estén desarmados los soldados de la guarnición, se los hará prisioneros y serán repartidos en los buques. En cuanto a los habitantes del pueblo que no quisieran someterse, sobre todo los españoles de origen, podrán ser llevados a las islas vecinas en las cuales permanecerían hasta que el pueblo esté dominado, de modo que no haya motivo para que se tema ninguna clase de rebelión.

Una vez dueños del fuerte y del pueblo, será necesario enviar rápidamente al campo quinientos jinetes que podrán fácilmente apoderarse y montar los caballos que el gobernador cría para las ocasiones extraordinarias. Luego será preciso cabalgar hacia el río de Arrecifes que se encuentra a dos días de camino de Buenos Aires, para apoderarse de las alquerías que tienen los españoles por este lado. Y puesto que esto no será suficiente para impedir que los habitantes de Córdoba y de otras ciudades del Tucumán se lleven una parte del ganado, será necesario dejar unos cien jinetes en una pequeña aldea de quince o dieciséis casas que se halla a orillas del río y ordenar la progresión de los otros cuatrocientos hasta el río del Saladillo que está a cincuenta leguas de allí y a sesenta de Córdoba, para tomar posición en un lugar llamado *Papagayos*, donde se cruza el río con más facilidad. Allí es donde será absolutamente necesario establecer una colonia con fortificaciones, para poder tener un puesto dominante sobre todo el río, el cual forma un cerco que impide el paso del ganado existente en estos campos hasta Buenos Aires. La causa es que el agua de este río es algo salada y además no se encuentran ni fuente ni río dulce en un espacio de doce leguas más allá del río por el lado de Córdoba. Puesto que en la región más acá hay mucha agua, cuando estos animales se acercan del río, retroceden tan pronto como lo han olido.

As fácil, por la abundancia de caballos, mantener puestos y relevos en los caminos. Por lo tanto sería conveniente crearlos para que, en caso de que fuesen atacados los ocupantes de estos puestos avanzados por la gente de Córdoba, se propagase más rápidamente la noticia y fuesen en seguida auxiliados. Además, ya que la región es plana en toda su extensión, se podrían colocar farolas de trecho en trecho, como se hace en las costas del mar, para que en caso de alarma se pueda alertar más rápidamente por medio de fuegos y de humos a los que se encuentren en Buenos Aires, sobre los movimientos y los proyectos del enemigo.

Sería absolutamente necesario apoderarse de Santa Fe, que se halla sólo a tres días de distancia de *Papagayos*, pues se puede considerar que es el almacén de todo el comercio que se efectúa entre las provincias que se encuentran más allá de los ríos del Paraguay y del Paraná, por el lado norte, y las que se hallan más allá hacia el sur. Sería tanto más necesario tomar esta ciudad, cuanto que aseguraría el puesto tan ventajoso de *Papagayos,* con el cual se controlaría el acceso entre la provincia de Paraguay y las otras provincias ocupadas por les españoles, de modo que los habitantes del Perú, de Chile y del Tucumán ya no podrían abastecerse con la hierba del Paraguay que tanta falta les hace, ni podrían comerciar con los de Asunción, ni con los de las regiones circunvecinas, ni tampoco con los que viven entre Corrientes y el Río Negro, pues el ganado u otros productos que abundan allí tendrían que pasar primero por nuestras manos. Más aún, puesto que no hay otro camino sino por eses pueblo para ir al Perú y a Tucumán, por las montañas elevadas que separan el Perú del Paraguay y también porque de este lugar a Santiago del Estero en el Tucumán que distan de sesenta leguas, no es posible tomar este camino – sobre todo en verano-, aunque está abierto, porque en el recorrido no se encuentran ningún río y ninguna fuente.

Puesto que el pueblo de Santa Fe no es ni siquiera la mitad de grande de Buenos Aires, puesto que los habitantes no llevan armas y no son aguerridos y puesto que no hay tropas permanentes, bastarían para conquistarlo unos quinientos o seiscientos hombres a caballo con algunos cañones que se podrían llevar fácilmente por tierra o por río. Es probable que se rindan sin defenderse al ver las tropas y los cañones, más aún si se toma en cuenta que las ciudades que les podrían prestar auxilio, Córdoba y Asunción, quedan demasiado alejadas, pues la primera se halla a ochenta leguas de distancia y la segunda a ciento cincuenta. Convendría llevar algunas chalupas y otras embarcaciones para ocupar el río y mientras tanto, se edificaría entre éste y el pueblo una especie de fortín que dominaría a ambos y que bastaría para mantener dominadas todas las aldeas españolas que están a poca distancia. No hay nada que temer por parte de los salvajes que no son muchos en esa comarca, los cuales se volverían en poco tiempo amigables, si se les distribuyera un poco de tabaco y hierba del Paraguay.

Es absolutamente necesario controlar estos dos puestos de *Papagayos* y de Santa Fe para asentar y dar importancia a la conquista de Buenos Aires, ya que si se los dejasen en manos de los españoles, todo el comercio de las provincias de Buenos Aires y del Paraguay podría ser desviado por los Españoles del lado del Perú. Por lo contrario, si se dominasen estos puestos, se los utilizaría como almacenes y depósitos para todo el comercio que sería importante mantener con los de Tucumán, del Perú y de

Chile y de este modo conseguir el oro y la plata que tienen a cambio de las mercaderías de Europa y también del ganado, de los caballos, de las mulas, de la hierba del Paraguay y cantidad de otros productos que abundan en las provincias de por acá y que para ellos son absolutamente necesarios. Esto serviría también para tener controlados los habitantes de Asunción y de las otras aldeas existentes en las cercanías del río Paraná, los cuales están obligados de tratar con los mercaderes de Santa Fe. Para que éstos no estén obligados a refugiarse en otras comarcas, sería conveniente prestarles atención y mantener un buen trato con ellos y también casarse con sus hijas que se sienten más atraídas por los extranjeros que por los habitantes de la región.

Si después de la conquista de Buenos Aires y de Santa Fe, se juzgase oportuno (y lo sería efectivamente) cercar esas ciudades con murallas y fosos y edificar fuertes sólidos revestidos de piedra, esto resultaría fácil porque en las islas de San Gabriel, particularmente en la grande y también en frente en el continente, se hallan muchísimas rocas, de donde se podría extraer tanta piedra como fuese necesario, cuyo transporte sería fácil por barco.

Puesto que hay un buen puerto entre la tierra firme y la isla de San Gabriel, protegido de varios vientos y puesto que la configuración de esta isla que sólo permite a los buques atracar por un lugar, se podría construir un fortín a la entrada, lo que convertiría la isla en un reducto que permitiría estar protegido contra cualquier armada y esto saldría bastante barato, con tal de que se dispusiera de negros, los cuales son muy apropiados para esta clase de obras.

En un principio, se podría conseguir algunos del Brasil, donde todos ellos están criados para el trabajo, lo que hace que aguantan el cansancio. Bastaría enviar una urca con un cargamento de carne salada, de sebo y de cueros y se conseguiría a cambio unos cuantos negros que servirían y serían muy útiles, en espera de enviar compradores en Guinea donde salen mucho más baratos y de donde se podría sacar una gran cantidad. Con ellos, se podría hacer un comercio considerable por todas las Indias Occidentales, donde son muy caros, particularmente en el Perú donde los compran a quinientos o seiscientos patagones cada uno.

Después de que, en Buenos Aires y en otros lugares ya mencionados, se llegue a un resultado que permita conservar las posiciones a la espera de nuevos auxilios viniendo de Europa, los cuales será necesario enviar de vez en cuando, por lo menos una vez al año, se podrá cargar de cueros las seis urcas y enviarlas a Francia, acompañadas de algunos buques de guerra, pues será necesario que algunos permanezcan en el río para defender e impedir el paso a los navíos españoles o extranjeros que quisieran entrar. Será necesario mantener esos barcos con cuidado para no tener los inconvenientes que los españoles han tenido a menudo, los cuales resultaban de que no enviaban cada año unos buques de su nación para abastecer a estas personas de los productos que necesitaban.

El provecho que se sacará sólo con la venta de esos cueros, sin tomar en cuenta la plata y las demás mercaderías que producen aquellas regiones, será más que suficiente para compensar todos los gastos que se habrán hecho para el armamento de la flota y la conquista, ya que se podrán cargar sobre cada urca entre dieciocho y veinte mil cueros, y que cada uno de ellos se puede vender en Europa a un precio de quince o dieciséis libras. Considerando únicamente el cargamento de cueros, se conseguirá trescientas mil libras de beneficio, lo que ascenderá para seis buques, a mil ochocientas mil libras. Los gastos de los cuatro buques de guerra y de las seis urcas y hasta de todo el resto del proyecto, no llegarán, ni mucho menos, a esa suma, lo que se hará patente si se solicita la lista detallada de esos gastos, la cual se podrá establecer y enseñar.

Se podría alegar en contra de esta propuesta y de todo lo que exige, que sería mucho riesgo para el Rey, si éste se lanzara en un proyecto tan importante y si se empeñara en unos gastos tan elevados, confiando nada más en unos informes y en la buena fe de una sola persona que podría morir durante los preparativos de esta expedición o antes de llegar allá y de apoderarse del lugar. En efecto, en este caso, la empresa podría fracasar en sus comienzos, por falta de alguien que le pueda sustituir y que pueda ejecutar lo proyectado. Pues, si se temiese correr este riesgo y si se quisiera actuar con más precaución, se podría atrasar este proyecto de un año más o menos. Durante este tiempo se tomarían, sin apuro, las disposiciones que se considerarían necesarias para acertar. Mientras tanto, bajo el pretexto de comerciar o con otro motivo, se enviarían al Río de la Plata, dos buques del Rey pertrechados para la guerra y con mercaderías, uno de ellos capitaneado por el señor de Accarette y el otro por un capitán experimentado. Ambos tendrían órdenes para hacer juntos un reconocimiento para comprobar que las cosas siguen en el mismo estado que lo relatado en el informe. En dicho viaje, ambos tratarían de adquirir nuevos conocimientos para facilitar cada vez más la grande empresa, de tal manera que a su regreso, después de un período mínimo de un año, puesto que sería necesario quedarse allá algún tiempo para dar credibilidad al pretexto del comercio, gracias a estas nuevas informaciones, se podrían rectificar ciertas medidas que se hubieran tomado para aquel gran proyecto. Además, se sacaría otra ventaja, puesto que varias personas se capacitarían para seguir la empresa en caso de que esté ausente el señor de Accarette.

Segundo informe del señor de Accarette

Si el Rey, en la coyuntura actual, no estimara beneficioso para su política dar su aprobación a la propuesta presentada por el señor de Accarette en un informe que trataba de la conquista de Buenos Aires en el Río de la Plata, pero que sin embargo Su Majestad consintiera en la realización de un proyecto menos ambicioso que necesitaría unos pocos buques y que le resultaría muy provechoso, he aquí el proyecto que el señor de Accarette somete a su examen, como lo hizo con el otro, quedando listo para ejecutar los órdenes de Su Majestad. Este proyecto le permitiría, además, para el futuro, de conseguir los medios para adueñarse con más facilidad de aquella región cuando una ocasión más favorable le permitiera planearlo.

Lo que propone es invadir por sorpresa y saquear la ciudad de Buenos Aires y arrebatar todo el oro, la plata y las mercaderías que se encuentren allí y asegura que se hallará una cuantiosa provisión, puesto que los vecinos del pueblo siempre tienen el cuidado de atesorar y preparar muy grandes cantidades para el regreso de los buques españoles que van allá cada año para comerciar y que llevan todo lo necesario para ello. Por lo tanto, no cabe duda de que la ejecución de dicho proyecto proporcionará riquezas considerables tanto en plata como en otros productos. Por eso, será necesario ser algo precavidos para impedir que la gente empleada en tal empresa, no hurten cualquier cosa para su beneficio personal.

Sería superfluo hablar aquí de lo fácil que es realizar aquella empresa con éxito, puesto que ya se demostró en el informe anterior sobre la conquista del pueblo y de la región. Tampoco se dirá nada de los medios de hacer la conquista. En efecto, se considera conveniente seguir los que ya también se expusieron, puesto que ninguna de las dos conquistas no se puede llevarse a cabo sino por sorpresa. Por consiguiente, el informe se limita a la declaración de las cosas que se estimen necesarias para esta expedición.

No se puede hacer esta expedición sin la participación de dos buques de guerra de treinta y seis o cuarenta cañones, buenos veleros con un fondo un tanto plano, los cuales a plena carga tengan un calado de dieciséis pies, a lo más. Además de ello, se necesitan cuatro urcas de quinientas a seiscientas toneladas cada una, armadas con dieciséis o veinte cañones, para llevar el botín conseguido porque sólo se debe poner la plata y cosas de poco peso en los buques de guerra y nada más, y eso para no estorbarles y dejarlos siempre listos para posibles combates.

Si Su Majestad no dispone de urcas, puede hacer comprar algunas destinadas a este viaje, las cuales no costarán más que veinte mil libras cada una con sus cañones, aparejos y pertrechos de guerra.

La tripulación, tanto de los buques como de las urcas tiene que contar con seiscientos hombres entre marineros y oficiales. o sea cuatrocientos para los dos buques de guerra y doscientos para las cuatro urcas, todos ellos valientes y seleccionados.

Puesto que el señor de Accarette conoce muy bien aquella región y que está al tanto de todo el provecho que se puede sacar de allí para el servicio del Rey, de lo cual avisó al señor de Gorris, capitán de uno de los buques de la Marina Real, se atreve a pensar que si Su Majestad considerase oportuno comprometerse con este proyecto y confiar en la fidelidad de los dos para su ejecución, se servirá concederles el mando de los dos buques de guerra y dejar a su apreciación la elección de los cuatro contramaestres para mandar las cuatro urcas, garantizando que las personas elegidas serán experimentadas y que hayan hecho el mismo viaje u otros parecidos.

Además, para dicha expedición se necesitarán mil

hombres de guerra que estén todos acostumbrados al mar, si es posible. Los señores Gorris y Accarette tendrán la responsabilidad de su reclutamiento que se hará bajo pretextos apropiados para mantener el proyecto encubierto y conservar el secreto necesario en tal ocasión. Se repartirán en cinco compañías de doscientos hombres cada una, las dos primeras capitaneadas por ambos señores, quienes tendrán además el mando general de la armada, la otras tres estarán al mando de hombres seleccionados por ellos mismos. Estos hombres tendrán la orden de obedecerles en todo y donde sea, para evitar así cualquier resistencia de parte de los alistados en la ejecución de las órdenes que recibieran, y esto con el fin de que, con la garantía del secreto, se conduzca esta empresa al éxito deseado. Es de suma importancia que esa gente no se entere de nada hasta el momento que se estime oportuno.

Para armar esos soldados y, si fuera necesario, una parte de los marineros, se requieren mil fusiles de gran calibre, seiscientos mosquetones, ochocientos pares de pistolas, mil seiscientos sables, mil hachas de arma o de mano, doscientas partesanas, trescientas picas y corseletes y, además de eso, doce cañones pequeños de la nueva fabricación, instalados sobre cureñas con todos los avíos para ser armados y utilizados en tierra para ayudar a la ejecución del proyecto. No hay que olvidar una docena grandes chalupas en haces que se añadirían a las de los buques para desembarcar de repente, tal como ya se explicó en el informe de la conquista.

El presupuesto de la conquista

El gasto de este armamento, sin contar los dos buques del Rey con sus aparejos y cañones, ascendería a la suma de....
511.800 libras

Contando para la compra de las cuatro urcas, que cuestan veinte mil libras cada una, con sus cañones y aparejos...
80.000 libras

Además, para sus carenas suplementarias, y para que estén en buen estado para hacer ese viaje...
4.000 libras

Además, la compra de doce grandes chalupas, llamadas también de transporte, con sus velas y todo el resto de sus accesorios, las cuales serán embarcadas en haces en los seis buques, que cuestan trescientas libras cada una.....
3.600 libras

Además, el sueldo de seiscientos marineros, contando los oficiales marinos de los seis buques, durante diez meses, a razón de dieciséis libras por mes, más o menos, ya que todos tendrían que ser hombres competentes, o sea la suma de noventa y seis mil libras...
96.000 libras

Además, el sueldo de mil soldados, incluyendo los capitanes y varios oficiales dados de baja que podrían inte-

grarse a las compañías para reforzarlas, pagados nueve libras al mes cada uno, más o menos, y eso durante diez meses...
90.000 libras

Además, para el estado mayor de los dos buques de guerra durante diez meses, el gasto llegaría a diez mil seiscientas libras y el de las cuatro urcas a doce mil doscientas libras...
22.800 libras

Además, para la alimentación, durante diez meses, de los mil seiscientos hombres, incluyendo varios festines y provisiones suplementarias y necesarias para un viaje de esta clase y teniendo en cuenta también que muchos alimentos se echan a perder y se pudren, se puede contar diez libras al mes por persona...
160.000 libras

Además, para la compra de mil fusiles, diez mil libras; de seiscientos mosquetones, cuatro mil ochocientas libras; de ochocientos pares de pistolas, cinco mil seiscientas libras; de seiscientos sables, cuatro mil ochocientas libras; de mil hachas, mil libras; de cuatrocientas picas, quinientos libras y de trescientos corseletes, borgoñotas y brazales, dos mil seiscientas libras; todo eso alcanza la suma de...
29.400 libras

Además, para mechas, plomo, bolsas en sustitución de las bandoleras para colocar cartuchos de pólvora y otras

cositas necesarias y gastos inopinados, la suma de seis mil libras...
6.000 libras

La suma total de todo lo enumerado, alcanza, como se ha dicho, quinientas once mil ochocientas libras...
511.800 libras

Pero como los depósitos reales están provistos de municiones de guerra y Su Majestad puede tomar casi todas las que serán necesarias para ese armamento y que, además, el avance que se dará a los marineros y a los soldados se limitará a seis meses, por lo tanto el gasto inmediato será sólo de...
295.400 libras

En esta suma, no se cuenta el precio de las urcas, porque si Su Majestad no dispone de ninguna, podría utilizar otros de sus buques que estén aptos para ese viaje. Puesto que esta suma no es tan considerable como para que Su Majestad deje de comprometerse en una empresa como aquella que puede resultar tan provechosa, estamos persuadidos de que se lanzará en ella si la juzga útil y ventajosa para sus asuntos.

Bibliografía

I. Manuscritos y ediciones del viaje de Accarette:

La traducción que proponemos aquí procede del manuscrito original conservado en la Biblioteca Nacional de París:

> Relation des Voyages du sr. d'Accarette dans la Riuiere de la Platte, et de là par terre au Pérou, et des observations qu'il y a faittes (1670 ?) (*Mss. Mélanges de Colbert*, n° 31, fol. 470 a 499).

Este relato cobra un valor particular al añadirle dos informes que el mismo Accarette mandó a ministro Jean-Baptiste Colbert:

> Proposition du Sr. D'Accarette pour la conqueste de Buenos-aires dans la Rivière de la Platte en l'Amérique Méridionalle (B.N. *Mss. Mélanges de Colbert,* n°31, fol. 508 a 514).

El segundo informe, sin título, con dos ejemplares idénticos manuscritos (B.N. *Mélanges de Colbert*, n°31, fol. 470 a 479 y fol. 516 a 519).

La primera edición de la *Relation* fue publicada con otros relatos de viaje en el «Recueil Thévenot» y de modo anónimo:

RELATION DES VOYAGES DU SIEUR.... DANS LA RIVIÈRE DE LA PLATE, ET DE LÀ PAR TERRE AU PÉROU ET DES OBSERVATIONS QU'IL Y A FAITES. (24 páginas gran in-4°).

Este texto se halla en la cuarta parte de:

Relations De Divers Voyages Curieux. Qui n'ont Point Esté Publiées, ou qui ont esté traduites d'Hackluyt, de Purchas & d'autres Voyageurs Anglois, Hollandois, Portugais, Allemands, Italiens, Espagnols; & de vuelques Persans, Arabes & autres Autheurs Orientaux. Enrichies de Figures de Plantes non décrites, d'Animaux inconnus à l'Europe, & de Cartes Géographiques de Pays dont on n'a point encore donné de Cartes. Dédiés au Roy. IVe Partie. A Paris, Chez André Cramoisy, rue de la vieille Boucherie, au sacrifice d'Abraham. MDCLXXII. Avec Privilège du Roy.

La traducción inglesa que fue publicada en Londres en 1698, forma parte también de una colección de viajes y salió a luz con el siguiente título:

Voyages and Discoveries in South America, the First up the River of Amazons to Quito in Peru, and back again to Brazil, perform'd at the Command of the King of Spain By Christopher d'Acugna. THE SECOND UP THE RIVER OF PLATA, AND THENCE BY LAND TO THE MINES OF POTOSÍ **by Mons. Acarete.** *The third from Cayenne into Guayana in search of the Lake of Parima, reputed the richest Place in the World.* By M. Grillet and Bechamel. *Done into English from the Originals being the only accounts of those parts hitherto extant. The whole illustrated with notes and maps.*

En esta colección, el viaje de Accarette tiene el título siguiente:

AN ACCOUNT OF A VOYAGE UP THE RIVER DE LA PLATA, AND THENCE OVER LAND TO PERU. WITH OBSERVATIONS ON THE INHABITANTS, AS WELL INDIANS AND SPANIARDS; THE CITIES, COMERSE, FERTILITY AND RICHES OF THAT PART OF AMERICA by Mons. Acarete du Biscay. London: Printed for Samuel Buckley, at the Dolphin over against St. Dunstans Church in Fleetstreet. 1698.

Sale a luz una segunda edición inglesa, dieciocho años más tarde:

A RELATION OF MR. R. M'S VOYAGE TO BUENOS AIRES; AND FROM THENCE BY LAND TO POTOSÍ. DEDICATED TO THE HONORABLE COURT OF DIRECTORS OF THE SOUTH SEA COMPANY. London. Printed by John Darby in Bartolomew-close. MDCCXVI. (Un volumen de V, 117 p.).

En esta edición se halla un mapa del Río de la Plata y Tucumán.

La primera traducción española fue editada sólo en 1867:

RELACIÓN DE LOS VIAJES DE MONSIEUR ACCARETTE DU BISCAY AL RÍO DE LA PLATA, Y DESDE AQUÍ POR TIERRA HASTA EL PERÚ, CON OBSERVACIONES SOBRE ESTOS PAÍSES. Traducida del inglés al español para la *Revista de Buenos Aires* por el señor Daniel Maxwell. (*Revista de Buenos Aires*, año V, n°49, mayo de 1867, p. 3 a 34 y año V. N° 50, junio de 1867, p. 221 a 237.)

La segunda edición española fue también redactada según la traducción inglesa, ignorando la primera edición francesa y el manuscrito original:

RELACIÓN DE UN VIAJE AL RÍO DE LA PLATA Y DE ALLÍ POR TIERRA AL PERÚ. CON OBSERVACIONES SOBRE LOS HABITANTES, SEAN INDIOS O ESPAÑOLES, LAS CIUDADES, EL COMERCIO, LA FERTILIDAD Y LAS RIQUEZAS DE ESTA PARTE DE AMÉRICA. Traducción de F.F. Wallace. Prólogo y notas de J.C. González, Buenos Aires, 1943.

La segunda edición francesa establecida a partir del manuscrito original, salió a luz bajo el título:
> La Route de l'argent, Présentation de Jean-Paul Duviols. Editions Utz, Paris, 1992.(1 vol. De 140 p.)

Incluye por primera vez el texto de los dos informes para la conquista de las regiones del Río de la Plata copiados de los manuscritos existentes en la Biblioteca Nacional de París.

El texto de esta edición fue traducido bajo el título de Viaje al Cerro Rico de Potosí (1657-1660) Editorial «Los amigos del libro». La Paz-Cochabamba, Bolivia, 1998. (traducción María Aurora Ampuero).

2. Documentos antiguos

(Anónimo) *Journal d'un voyage sur les costes d'Afrique et aux Indes d'Espagne, avec une description particulière de la Rivière de la Plata, de Buenosayres & autres Lieux, commencé en 1701 et fini en 1702*, Rouen, 1723.

Arzans de Orsúa y Vela, Bartolomé, *Historia de la Villa Imperial de Potosí.* Ed. Lewis Hanke y Gunnar Mendoza, Providence, 1965.

Bassin, Martin du, *Relation du voyage fair à la Rivière de la Plata scituée en l'Amérique par les 35 Deg. 36 Min. Sud.* Manuscrito inédito en colección particular.

Bigot (de la Caute?) *Extrait d'un journal de voyage fair en 1707, 1708 et 9, aux côtes de Guinée en Affrique et à Buenos Aires dans l'Amérique méridionale sur le vaisseau du Roy la Sphère, avec la carte de la Rivière de la Plata.* (Manuscrito B.N. de París: Fonds Français, 2ème série vol. 11331, Edición de Jean-Paul Duviols, *Bulletin Hispanique*, Tome LXXIV, Bordeaux 1972.

Capoche, Luis, *Relación general de la Villa Imperial de Potosí.* Ed. Lewis Hanke, Madrid, 1959.

Carrió de la Vandera, Alonso alias **Concolorcorvo**, *El Lazarillo de ciegos caminantes desde Buenos Aires hasta Lima*, Gijón, 1773.(Ed. Stockcero, Buenos Aires,)

Chomé, Père in *Lettres édifiantes et curieuses de l'Amérique méridionale*, par quelques missionnaires e la Compagnie de Jesús.

Coréal, François, *Voyages de François Coréal aux Indes Occidentales*, Paris, 1722.

(Durret) *Voyage de Marseille à Lima et dans les autres lieux des Indes Occidentales,* Paris 1720.

Feuillée, Père Louis, *Journal des observations physiques, mathématiques et botaniques, faites par ordre du Roi sur les côtes orientales de l'Amérique Méridionale, et dans les Indes Occidentales, depuis l'année 1707 jusqu'en 1712.* Paris, 1714.

Frézier, Amédée François, *Relation du voyage de la mer du Sud aux côtes du Chily, du Pérou & du Brésil, fait pendant les années 1712,1713 et 1714.* Paris, 1716.

Laet, Joan de, *L'Histoire du Nouveau Monde ou description des Indes Occidentales,* Leyde, 1640.

Ottsen, Hendrick, *Journael Oft Daghelijcx-register van de Voyagie na Rio de Plata...,* Ámsterdam, 1603. (Trad. española: *Corte y verídico relato de la desgraciada navegación de un buque de Ámsterdam llamado el Mundo del Plata...* Buenos Aires, 1945.

Pyrard de Laval, François: *Discours du voyage des français aux Indes Orientales ensemble divers accidens, adventures et dangers de l'auteur en plusieurs royaumes des Indes....* Paris, 1611.

Sainte Colombe, Sieur de (Pierre **Massiac**), *Mémoire touchant l'établissement d'une colonie à Buenos Aires ou sur la rive opposée du Río de la Plata, par le sieur de Ste Colombe,* 1664. Manucrito publicado por Paul Roussier en la nueva serie del *Journal de la Société des Américanistes,* Paris, 1939 (fascicule 2, Vol. XXV).

3. OBRAS GENERALES

Arduz Eguía, Gastón, *Ensayos sobre la Historia de minería altoperuano,* Madrid, 1985.

Bargalló, Modesto, *La minería y la metalurgia en la América española durante la época colonial,* México, 1955.

Basto Girón, L.J., *Las minas de Huamanga y Huancavelica,* Lima, 1954.
Braudel, Fernand, «Du Potosí a Buenos Aires. Une route clandestine de l'argent (XVI-XVIIe siècles) in *Annales E.S.C.,* vol. IV, Paris, 1949.
Chaunu, Huguette et Pierre, *Séville et l'Atlantique,* Paris, 1959-1965.
Duviols, Jean-Paul, *L'Amérique espagnole vue et rêvée. Les livres de voyage de C.Colomb à Bougainville,* Paris, Promodis, 1986. Parte IV, Libro II: «Le Rio de la Plata et le Paraguay du XVIe au XVIIIe siècle».
Gandía, Enrique de, *Buenos Aires colonial,* Buenos Aires, 1957.
García Baquero, Antonio, *Cádiz y el Atlántico (1717-1778)*
Lafuente Mechaín, Ricardo de, *Buenos Aires en el siglo XVII,* Buenos Aires, 1944.
Moutoukias, Zacarías, *Contrabando y control colonial en el siglo XVII, Buenos Aires, el Atlántico y el espacio peruano,* Buenos Aires, 1988.
Tandeter, Enrique*, Coacción y mercado. La minería de la plata en el Potosí colonial, 1692-1826.* Buenos Aires, Editorial Sudamericana, 1992.
Vilar, Pierre, *Or et monnaie dans l'histoire,* Paris, 1974.
Zavala, Silvio, *Orígenes de la colonización en el Río de la Plata,* México, 1977.

ÍNDICES

Onomástico:

Alba de Liste (Conde de), 5
Blake (Almirante), 1
Bohórquez, Pedro, 35
Brac, Isaac de, 57
Camacho, Sebastián, 5
Carlos I (Carlos V), 35
Carlos II, 15
Castaña (Almirante), 2
Carrió de la Vandera, Alonso (ver también Concolorcorvo), XIII
Chomé, Ignace, XXVII
Colbert, Jean-Baptiste, XIX, XXIII, XXIV
Colbert du Terron, XXIII
Coreal, François, XXVII, 42
Cromwell, Oliver, 1, 53
Durret, Sieur de, XXIV, XXVI
Felipe Andrés (Príncipe), 51
Fontenay, Caballero de, 4
Foran (Capitán), 4
García Santayana, Pablo (Capitán), XIII
Gorris, Paul de, XXIII, XXIV, 89, 90

Guzmán, Luis Enrique de (Virrey), 5
Hiriarte, Pascal (Capitán), XIV, 65
Jansen, Alberto (Capitán), 68
Laet, Joan de, IX, XIV
Lariz, Jacinto de, 12
Luis XIV, XIX, XXII, XXIV
Maleo, Ignacio, VIII, IX, XIII, XV, XIX, XXVIII, 3, 56, 62, 63, 64, 65, 66, 69, 70, 71
Massiac, Pedro y Bartolomeo, XXII, XXIII, 35
Mercado y de Villacorta, Alonso de (Gobernador), 3, 34, 67
Ojeda, Simón de (Padre), XIII
Ovando, Pablo de, 37
Pyrard de Laval, François, XVII
Rey Católico (Felipe IV), 3, 8, 13, 14, 35, 39, 44, 48, 53, 65, 66, 68, 69, 70
Ruiz Baigorri, Pedro (Gobernador), 3
Veytia Linaje, José de, X
Villars, Marqués de, VIII
Watteville, Barón de, XIV, 65

Temático:

Algarrobos, 31, 33
Araucanos (Indios), 50
Avestruces, XXVI, 19, 20.
Azogue, 46, 48
Caballos, 18, 21, 22, 29.
Canibalismo, XXVI.
Carrera de Indias, X, 48, 49.
Carretas (Camino de las), 56
Casa de la Contratación, IX, X.

Charrúas (Indios), XXVII, 8.
Coca, XXVI, 42, 45.
Consejo de España, 63, 65.
Consejo de Indias, VIII, XIV, XIX, XXI, 62, 66, 67, 68, 69.
Contrabando, XI, XVII, XVII, XIX, 56, 63, 66, 68, 69.
Criollos, XXVI, 22.
Cueros (Comercio de los), XV, XVI,

XXVII, 13, 21, 22, 57, 61, 70 84.
Esclavos, 20, 22, 31, 32, 36.
Españoles, XX, 1, 2, 9, 12, 22, 23, 31, 33, 35, 36, 37, 53, 61, 73, 74, 80, 81.
Franceses, XVII, 23, 41, 53.
Galeones, X, XVIII, 2, 48, 49, 50, 56, 63.
Ganado vacuno, 20, 21, 22.
Genoveses, 23, 41.
Hierba del Paraguay, 10, 26, 45, 80, 81, 82.
Holanda, 62, 64.
Holandeses, XII, XXVI, 21, 23, 41, 57, 58, 61, 66.
Indios (o «salvajes»), XXVI, 9, 27, 28, 29, 32-35, 37, 40, 41, 44, 45, 46, 51, 52, 77.
Incas (Indios), 34, 35.
Ingleses, 2, 53.
Inquisición, 23.
Irlandeses, 41.
Jesuitas (Misiones de los), 11, 12.
Licencias reales, XI, XV, 3, 14, 56, 65, 66, 67, 69.
Mestizos, 20, 22, 40.
Mita, 45
Moscas venenosas, 33.

Mujeres (de Buenos Aires), 23.
Mujeres (de Potosí), 42.
Mujeres (de Salta), 32.
Mulas (Comercio de las), 22, 29, 30, 31.
Mulas (Transporte por las), 48, 49, 55.
Mulatos, 40, 41.
Naipes (Juegos de), 48, 49.
Navarros, 41.
Negros, 40, 41, 75, 83.
Pampitas (Indios), 27, 28, 29.
Paz de los Pirineos, VIII, XXII.
Plata (Comercio de la), XVII, XIX, XXVII, 57, 67, 69.
Plata (Minas de) XXVI, 36, 38, 43, 44, 45, 46.
Plata (Purificación de la), XXVI, 46, 47.
Portugueses, XII, XV, 22, 31, 38.
Ríos (Modo de cruzar los), 26, 27.
Salvajes (ver Indios).
Serranos (Indios), XXVI, 27, 28, 29.
Tigres, 32, 33.
Vascos, 41.
Vicuñas, XVI, XXVI, 37, 38.
Volcanes, 36.

Topográfico:

Algarve, 1.
Amsterdam, 61, 62, 64.
Andalucía: 1, 17.
Angola, XVII, 3, 36.
Aranzazu (Montaña de) 40, 43.
Arica, 48.
Arrecifes (Río), XIII, 26, 27, 79.
Asunción, XIII, 10, 11, 80, 81, 82.
Bahamas, 2, 49.
Barias (Rada de), 69.
Bayona, 64.
Bermudas, 49.
Bilbao, 59, 64.
Brasil, XI, XV, XVII, 58, 66, 83.
Buenos Aires, VIII-XXVI, 3, 4, 7, 8, 9, 12-29, 51, 56-68, 73-85, 87, 88.

Cabo Verde (Islas del), 76.
Cádiz, IX-XV, 1, 2, 3, 59, 60, 62.
Calchaquí (Valle de), 34, 35.
Callao (El), XI, XVIII, 48.
Canarias (Islas), 2.
Carangas (Minas de), 44.
Castillos (Cabo de), 7, 8.
Castillos (Isla de), 76.
Chagres (Río), 49.
Chichas (Los), 38.
Chicuito (Provincia de), 50.
Chile, 10, 25, 50, 51, 56, 68, 70, 80, 82.
Chuquisaca (Ver La Plata)
Ciboure (Pais Vasco), VII.
Concepción (La), 50.
Congo, 3, 36.

Copiapó, 50.
Coquimbo, 50.
Córdoba, XIII, XX, 13, 25, 29, 30, 31, 33, 79, 81.
Coruña (La), XV, 69.
Corrientes (Las Siete), 7, 9, 80.
Cuba, 49.
Cuzco, 42, 48.
España, VIII, XI, XV, XVII, XVIII, 1, 3, 4, 10, 14, 40, 42, 48, 49, 57, 59, 60, 61, 66-70.
Extremadura, 35.
Esteco, XIII, XXVI, 32, 33.
Europa, XV, XVI, XVIII, 21, 49, 61, 82, 83.
Fernando de Noronha (Isla), 58, 59.
Florida, 2, 49, 59.
Francia, VIII, XV, XXI, XXIV, 27, 38, 69, 83.
Guinea, 83.
Guipúzcoa, XIV, 3, 63, 65, 71.
Huancavelica, 48.
Humahuaca, XIII, 36, 37, 38.
Indias occidentales, 1, 2, 3, 4, 14, 50, 83.
Inglaterra, XIV, XXIV, 1, 65.
Jamaica, 2.
Jujuy, XIII, XIV, XXVIII, 30, 34, 36, 55, 56.
La Habana, 49.
La Plata, 39, 70.
Las Charcas (Provincia de), X, 39, 42, 52, 70.
Le Havre, XV, 66.
Lima, 5, 35, 48, 50.
Lipez (Minas de), 44.
Lisboa, 2.
Lobos (Isla de los), 76.
Londres, XIV.
Lujan, (Rio de), 26, 56.
Madrid, 3, 62, 63, 66, 70.
Martín García (Isla de)), 77.
Mendoza, 50.
México, 59.
Mojo, XIII, 38.
Montevideo, 7, 8, 76.
Negro (Rio), 8, 80.
Nueva España, X, 2, 49.
Nueva Francia, XXIII.
Oruro, 44.
Oyarzún (Pais Vasco), 71.
Pampa, XV, XXVII.
Panamá, XI, XVIII, 48, 49, 50.
Papagayos, 79, 81.
Paraguay, XIII, 7, 10, 25, 26, 80.
Paraná (Río), 7, 9, 10, 80, 81, 82.
Pasajes de Sanjuan (Puerto de), 64, 70.
Pernambuco, 58.
Perú, IX, X, XI, XX, 5, 9, 10, 14, 15, 19, 22, 25, 29, 30, 34, 36, 40, 50, 55, 56, 73, 80, 81, 83.
Porco (Minas de), 44.
Portobelo, X, XXVIII, 49, 61.
Potosí, VII-XXVIII, 15, 36-53, 61, 62, 63, 66, 73-85, 87.
Riachuelo, 17, 19, 78.
Río de la Plata, XI-XXVIII, 4, 7, 13, 17, 25, 26, 56.
Rochefort, XXIV.
Rouen, XXVII, 14.
Saint-Maló, VIII, 41.
Saladillo (Río), XIII, 13, 26, 27, 29, 79.
Salta, XII, 30, 32, 33, 34.
San Antonio (Cabo de), 7, 13.
San Gabriel (Islas de), 76, 82.
San Juan de la Frontera, 50.
San Miguel de Tucuman, XIV, 30, 32.
San Sebastián, 59, 62, 64.
San Vicente (Cabo de), 2.
Sanlucar de Barrameda, 2.
Santiago de Chile, 50.
Santiago del Estero, XIV, 30, 31, 80.
Santurce, 69.
Sao Paulo, 8.
Sevilla, IX, XI, XII.
Sococha, XIII, 37.
Toropalca, 38.
Tucumán, XXI, XXIV, XXVIII, 25, 26, 30-36, 51, 55, 56, 80.
Uruguay (Río), 11.
Valdivia, 50.
Vera Cruz, X, 49.

Thank you for acquiring

Accarette
Viajes al Río de la Plata y a Potosí
(1657-1660)

from the
Stockcero collection of Spanish and Latin American significant books of the past and present.

This book is one of a large and ever-expanding list of titles Stockcero regards as classics of Spanish and Latin American literature, history, economics, and cultural studies. A series of important books are being brought back into print with modern readers and students in mind, and thus including updated footnotes, prefaces, and bibliographies.

We invite you to look for more complete information on our website, **www.stockcero.com**, where you can view a list of titles currently available, as well as those in preparation. On this website, you may register to receive desk copies, view additional information about the books, and suggest titles you would like to see brought back into print. We are most eager to receive these suggestions, and if possible, to discuss them with you. Any comments you wish to make about Stockcero books would be most helpful.

The Stockcero website will also provide access to an increasing number of links to critical articles, libraries, databanks, bibliographies and other materials relating to the texts we are publishing.

By registering on our website, you will allow us to inform you of services and connections that will enhance your reading and teaching of an expanding list of important books.

You may additionally help us improve the way we serve your needs by registering your purchase at:
http://www.stockcero.com/bookregister.htm

www.ingramcontent.com/pod-product-compliance
Lightning Source LLC
Chambersburg PA
CBHW021145230426
43667CB00005B/263